ちくま新書

植物はおいしい

——身近な植物の知られざる秘密

田中 修
Tanaka Osamu

1425

はじめに

人と話をするとき、何を話題にするかは悩ましいことがよくあります。根が無口で、人見知りの強い私のような人間には、その悩みは深刻です。そのようなときには、「天気の話をすれば良い」といわれます。

天気の話題は、誰もが身近に感じ、人により好き嫌いが強くなく、人の心に差しさわりが少なく、無難なものです。天気予報には、誰もが少なからず、関心があります。そして、日々刻々と変化し、季節により移り変わるので、新しい話題がいつも生まれます。

とすれば、植物たちも、天気に優《まさ》るとも劣らぬ話題を提供してくれます。植物たちは、私たちのまわりに、いつもあります。身のまわりに生えている草花や樹木は、場所によって変わり、季節によって変化します。

私たちは、毎日、いろいろな野菜や果物、穀物を食べています。これらには、旬があります。そのため、それらの味覚は、季節ごとに異なり、私たちを楽しませてくれます。また、それぞれの植物たちには、私たちに健康をもたらしてくれる栄養があります。ですから、身近な植物たちに、話題が尽きることはありません。

私たちの食べものとなる植物たちの話題は、場所により、季節により、いつも新鮮なものになります。何より、食材となる植物たちの話題の多くは、明るいものであり、私たちの気持ちを和《やわ》らげてくれます。

また、食材植物たちの話題は、広がりをもっており、さまざまに展開していきます。なぜなら、時代とともに、私たちの期待に応えて、新しい品種が生まれてくるからです。昔は、食材植物は、私たちの空腹を満たしてくれればよかったのですが、近年は、おいしくなければならなくなりました。さらに、健康に良いことが、求められる時代に移っていきます。

それぞれの季節には、象徴的な食材植物の話題があり、本書では、第一〜四章で、それらを取り上げました。夏には、夏バテを防いでくれる野菜や果物、秋には、季節の味覚となるサツマイモに抱かれる疑問や、宇宙に行った食材植物たち、冬には、温州《うんしゅう》ミカンや鍋料理に欠かせぬハクサイ、春には、季節の到来を告げる若ゴボウや誤食をおこす植物たちを紹介しました。

また、野菜や果物、穀物などの食材となる植物たちの近年の話題を紹介しました。第五章では、次々と生まれるおコメの新しい品種、第六章では、野菜や果物の新品種の誕生、第七章では、食材植物の香り、第八章では、アルツハイマー型認知症を予防する植物たちの話題を取り上げました。

本書で紹介する話題には、植物たちのかしこさ、生きるためのしくみの巧みさ、私たちの健康にもたらす効能などが秘められています。このような話題をきっかけに、食材植物たちがもつ資質に気づき、植物たちに興味をもっていただけたら、うれしいです。それが、私たちと植物たちが、共存、共生し、ともに栄え発展していくことにつながります。本書が、そのきっかけになってくれればとの思いが募ります。

このような本書への思いを包括する適切な書名を模索するうち、紆余《うよ》曲折を経て、タイトルは、「植物はおいしい」となりました。本書では、おコメの〝おいしさ〟はテーマの一つですが、野菜や果物の味の〝おいしさ〟には、直接触れられていません。

でも、食材植物たちの〝おいしさ〟は、味覚だけではありません。本書で紹介された内容を、食材植物を味わうための〝おいしい裏話〟、人と会話するときの〝おいしい話題〟

と考えていただければ、私には、望外の喜びです。

最後に、原稿をお読みくださり、貴重な御意見をくださった（国研）農研機構本部企画戦略本部研究推進部プロジェクト獲得推進室　アキリ亘博士（理学）と、弘前大学大学院医学研究科脳神経病理学講座助教　丹治邦和博士（医学）に心からの謝意を表します。

編集は、筑摩書房編集部の伊藤笑子氏のお世話になりました。本書を企画し、原稿をお読みくださり、わかりやすく読みやすい話題に導き編集し、出版にまでこぎつけてくださったことに深く感謝いたします。また、読者に届くまでに、ひとかたならぬご尽力をくださった方々に、心から御礼申し上げます。

二〇一九年七月一一日

田中　修

植物はおいしい

——身近な植物の知られざる秘密

【目次】

章扉イラスト＝てばさき

第一章
夏に話題の植物

アシタバ

夏の畑では、多くの野菜が実りの季節を迎えます。ナス、トマト、ピーマン、ダイズ、カボチャ、スイカ、ゴーヤなどです。また、果物屋さんやスーパーマーケットに行けば、モモ、ブドウ、バナナ、キウイなど多くの果物が並んでいます。

ところが、夏の暑さのために、私たちには夏バテという現象がおこります。そのため、多くのおいしい野菜や果物を前にしても、食欲が失せており、食べる元気がわいてこないことがあります。

そこで、本章では、夏バテの正体と、それに打ち勝つための食材植物を紹介します。

†夏バテとは？

暑い夏、なんとなくからだがだるく、元気がなくなってくると、「夏バテ」という語が話題になります。「なぜ、暑いとこんなことになるのか」と真剣に考えられることは少なく、そのようなことを他の人に訊《たず》ねてみても、「暑いから」という答えが返ってくるだけかもしれません。しかし、夏バテの原因は、意外とわかりやすく、三つに整理されます。

一つ目は、暑いので、体温が上昇することです。体温が上昇すると、いろいろな物質がからだの中で変化する動きである「代謝」が活発になります。代謝が活発になるのはいいのですが、これによって、ビタミンやクエン酸が多く使われてしまい、不足がちになります。すると、正常な代謝が行われなくなります。そのため、活力がなくなります。

二つ目は、暑いので、からだが温度を下げようとして、汗をかくことです。汗をかくと、水分とともに、ミネラルといわれるカリウムやナトリウムなどがからだから出て行ってしまいます。カリウムやナトリウムなどが不足すると、筋肉などが正常に活動できません。そのため、からだがだるく感じます。

三つ目は、暑い中では、からだが、体温を上げたくないので、食べ物を受けつけない状態になることです。食べ物を多く食べれば、熱が発生し、体温が上がってしまうからです。そのため、食べ物を受けつけなくなるのですが、具体的には、胃液などの消化酵素の分泌が悪くなり、消化が促されない状態になります。そのため、食欲がなくなります。

これらの三つが夏バテの主な原因とわかれば、それらに対処することで、夏バテを防ぐことができるはずです。それぞれの原因の順に、それらを防止するための、次のような三つの心得が浮かんできます。

一つ目は、不足するビタミンやクエン酸をきちんと補うことです。ビタミンの補給には、ダイズやゴマ、トマトやブロッコリー、レモンなどが効果的です。ダイズは、ビタミンB

群を多く含み、ビタミンEも含んでいます。

ゴマには、〝若返りのビタミン〟といわれるビタミンEが含まれます。トマトには、ビタミンCやビタミンA、紫外線の害を消すカロテンやリコペン、ブロッコリーには、ビタミンC、ビタミンB群、ビタミンKなどが多く含まれています。

レモンは、ビタミンCとともに、クエン酸を多く含むので、代謝を活発にし、疲労を回復し、夏バテを防止するのに貢献してくれます。梅干しも、酸《す》っぱい成分であるクエン酸の補給に役立ちます。

クエン酸は、夏バテが出はじめるころに思い出されるように、「九月三日は、クエン酸の日」とされています。これはかなり無理がありますが、一応、語呂合わせで、「九（ク）月三（酸）日」といわれています。

二つ目は、汗をかくことにより不足する水分とともに、カリウムやナトリウムなどのミネラルを補うことです。ミネラルを多く含むのは、野菜や果物、海藻やキノコです。ですから、これらを多く食べればいいのです。

三つ目は、食欲不振に対し、食欲を促す食べ物を食べることです。「香辛料が、胃液の分泌を促す」といわれます。ですから、トウガラシの「カプサイシン」や、コショウの

「ピペリン」などを含むカレー、ニンニク、ショウガなどを工夫して食べるのが効果的です。

一方では、消化を助ける作用のあるヤマイモやオクラ、モロヘイヤ、ダイコン、パイナップル、キウイなどを摂取することも大切です。ここで「なぜ、これらの野菜や果物が消化を助けるのか」という疑問が浮かびます。

それには、理由があります。ヤマイモやオクラ、モロヘイヤには、ネバネバの粘性《ねんせい》のある液が含まれています。この主な成分は、「ムチン」や、「ペクチン」とよばれる物質で、腸の調子を整える働きがあります。ダイコンは、デンプンの消化を促す「ジアスターゼ」を含み、パイナップル、キウイなどはタンパク質を分解する物質を含みます。

ここで紹介した野菜や果物を含めて、夏バテを防いでくれる食材植物の話題について、いくつかをくわしく紹介します。

†「不老長寿の妙薬」とは？

二〇一九年二月に、「アシタバは、不老長寿の薬なのか」とメディアで取り上げられ、この植物は大きな話題になりました。オーストリアの研究者が、「アシタバに含まれる

4,4'-ジメトキシカルコン（DMC）という物質が、老化に伴い細胞に蓄積する老廃物を除去する」という研究成果を発表したのです。

老廃物は、蓄積すると、老化を促し、高齢化に伴うさまざまな病気や障害を引き起こすもとになるものです。ですから、これが除去されれば、老化が抑制され、寿命が延びるということになります。この研究では、センチュウとショウジョウバエに、アシタバのDMCを与えると、寿命が二〇パーセント延びました。

アシタバは、古くから、「不老長寿の妙薬」といわれています。これは、「中国の秦の初代皇帝である始皇帝が、不老不死の薬草を求めて、日本に使者を送った」という言い伝えに基づいています。このとき、使者が日本に求めた薬草がアシタバと考えられてきました。話題になった研究成果は、この言い伝えに科学的な根拠を与えるような内容です。

アシタバは日本生まれのセリ科の植物で、伊豆七島あたりが原産地といわれます。そのため、英語名でも日本名と同じく「アシタバ」といわれます。「今日、若葉を摘んでも、明日には、芽から若葉を出す」といわれるほど、強い成長力があります。これが、この植物名であるアシタバ（明日葉）の由来になっています。

このアシタバの葉っぱには、ビタミンやカロテンが多く含まれます。茎を切ると出てくる黄色の液には、ポリフェノールの一種で、私たちのからだを錆《さ》びさせるといわれる活性酸素という物質の害を消す「カルコン」が含まれています。そのため、健康に良い野菜として人気になり、近年、春から秋まで収穫されて市販されています。

この植物の学名は、「アンジェリカ　ケイスケイ」です。「アンジェリカ」は、ラテン語の「天使」を意味し、「ケイスケイ」は、伊藤圭介という博士の名前にちなみます。伊藤圭介博士は、江戸時代末期から明治時代の初期にかけて、東京帝国大学などで活躍した植物学者であり、日本で最初の理学博士です。現在では、私たちがふつうに使っている「オシベ」、「メシベ」、「花粉」などの日本語の言葉をつくりだした人です。

伊藤圭介の名前は、その業績をたたえて、いくつかの植物の学名に残されています。学名は、その植物が属する属名と、その植物の特徴を表す種小名の二つの語から成り立ちます。属名というのは、生物の分類学上の一つの階層である「科」の下の、グループ名を示すものです。学名の属名や種小名に、伊藤圭介の名前が使われているのです。

たとえば、シモバシラの「ケイスケア　ヤポニカ」や、スズランの「コンワァラリアケイスケイ」や、マルバスミレの「ビオラ　ケイスケイ」などです。その一つが、アシタバの「アンジェリカ　ケイスケイ」なのです。

二〇一九年三月の下旬に、八丈島の特産品であるアシタバが、あまりよくないニュースで取り上げられ、話題となりました。アシタバを原料にした錠剤などをサプリメントとして、「ガンが治る」とか「アルツハイマー病を予防する」などのキャッチフレーズで、販売されていたようです。

八丈島のアシタバを原材料とする商品が、このように、医薬品のような効能をうたって販売されるためには、東京都知事や厚生労働省の許可を受けなければなりません。ところが、無許可で医薬品を販売したとのことで、販売会社とその経営者が医薬品医療機器法違反の疑いで、書類送検されたのです。

ただ、このニュースは、商品の販売方法が不適切であっただけで、アシタバの健康に貢献する力を否定するものではありません。

†「野菜の王様」とは?

葉っぱを食用とする葉菜《ようさい》は、レタス、キャベツ、ハクサイ、コマツナ、ホウレンソウなど、多くあります。ところが、これらの旬は夏ではないのです。夏を旬とする葉菜が、近年、私たちの食材野菜として定着してきたモロヘイヤです。

モロヘイヤは、シナノキ科の植物で、エジプトあたりが原産地です。昔、エジプトの王様が原因不明の病気になったときに、「この野菜で治った」と言い伝えられています。そのため、王様が食べる野菜という意味を込めて、「王様の野菜」とよばれました。

アラビア語で、「王様の食べる野菜」という意味をもつ「ムルキーヤ」から「ムルヘイヤ」となり、「モロヘイヤ」と変化したといわれます。「モロヘイア」といわれることがありますが、英語では「molokheiya」と表記されることもあり、「モロヘイヤ」が正しいと思われます。

この野菜は、日本では、一九八〇年代から栽培されはじめた新しい野菜です。特徴は、葉っぱがネバネバの液を含むことです。その葉っぱは、栄養が豊富であることが評価され、「王様の野菜」から転じて、「野菜の王様」といわれます。

この植物の葉っぱを切り刻むと、ネバネバのぬめりが出てきます。ぬめりの主な成分は、「ムチン」という物質で、糖の吸収を遅らせ、糖尿病を予防するといわれます。この物質は、モロヘイヤ以外には、オクラやヤマイモなどに含まれています。

モロヘイヤは、「ビタミン、ミネラルの宝庫」といわれます。ビタミンやカルシウムの含まれる量は、ホウレンソウやコマツナなどの量をしのいでいます。たとえば、ビタミン

モロヘイヤ

Cの含有量は、一〇〇グラム当たり、ホウレンソウは三五ミリグラム、コマツナは三九ミリグラムですが、モロヘイヤは六五ミリグラムです。

ホウレンソウは、カルシウムが豊富な野菜として知られていますが、一〇〇グラム当たり四九ミリグラムを含むのに対し、モロヘイヤは、一〇〇グラム当たり二六〇ミリグラムを含んでいます。

この数字は、カルシウムが豊富といわれる牛乳の一〇〇グラム当たり一一〇ミリグラムを超えるものです。また、コマツナは、野菜でカルシウムの含有量が高いといわれますが、一〇〇グラム当たり一七〇ミリグラムであり、モロヘイヤの含有量はその数字を超えています。

「世界三大美人」といえば、エジプトのプトレマイオス朝の最後のファラオ（古代エジプトの王の称号）として活躍したクレオパトラ、中国の唐の時代、玄宗皇帝の妃《きさき》だった楊貴妃、日本の平安時代の歌人であった小野小町《おののこまち》が知られています。

その中でも、ひときわ美しい肌と若さを保っていたのはクレオパトラとされます。彼女は、モロヘイヤのスープを好んで飲んでいたといわれます。彼女が暮らしていたエジプトやアラビア半島では、古くから、このモロヘイヤが常食されていたとされます。「モロヘイヤは、食物繊維《せんい》が豊富で便通を促し、彼女の美肌を保った」と言い伝えられているのです。

また、この野菜のスープには、〝若返りのビタミン〟といわれるビタミンEがたっぷりと含まれています。そのため、モロヘイヤがクレオパトラの美しさを支えたことは十分に考えられます。

八百屋さんやスーパーマーケットなどで売られているモロヘイヤの葉っぱは、有毒な物質を含んでおらず、安心して食べられます。でも、この植物を家庭菜園で栽培する場合には、葉っぱ以外の花やタネを食べないように注意しなければいけません。

一九九六年一〇月、長崎県で、この植物の実のついた枝を食べた五頭のウシのうち、三頭が死んでしまいました。この花やタネには、「ストロファンチジン」という有毒物質が含まれているのです。

†夏休みの自由研究に、キウイの実験

夏休みの自由研究で、よく話題になるのがキウイ・ゼリーです。ゼリーをつくるための素材には、主に、ゼラチンか寒天が使われます。そのためのゼラチンと寒天の粉末は、市販されています。それらを買ってきて、キウイのゼラチン・ゼリーをつくろうとすると、奇妙な現象に出合います。キウイのゼラチン・ゼリーは、固まらないのです。

「なぜ、キウイのゼラチン・ゼリーが固まらないのか」と不思議に思えます。ゼラチンの代わりに寒天を使ってみると、何の問題もなく固まります。「なぜ、キウイの寒天ゼリーは固まるのに、ゼラチン・ゼリーは固まらないのか」という疑問が募ります。

キウイのゼラチン・ゼリーが固まらない理由は、キウイとゼラチンのどちらか一方に原因があるわけではなく、ゼラチンとキウイの相性がきわめて悪いからです。その原因が両方にあるので、二つに分けて考えると、わかりやすくなります。

一つは、ゼラチンがタンパク質であることです。もう一つが、キウイにはタンパク質を分解する「アクチニジン」という物質が含まれていることです。ですから、タンパク質であるゼラチンが固まろうとするときに、キウイに含まれるアクチニジンが、タンパク質を分解して固まるのを妨害するのです。

キウイに、タンパク質を分解するアクチニジンが含まれているのなら、「キウイは、ゼラチンを固まらせないだけでなく、タンパク質でできているゼラチン・ゼリーを溶かすこともできるのか」との疑問が浮かびます。

キウイがゼラチン・ゼリーを溶かす力をもつことは、わかりやすい実験で確認することができます。市販されている、ゼリーをつくるためのゼラチンと寒天を買ってきます。すると、作り方が書いてありますから、その通りにつくります。簡単にいえば、水にゼラチンの粉末を加え、温めて、粉末を溶かし、冷やすだけです。

あまりやわらかなゼリーだと実験したときの結果がわかりにくいので、少し硬めにするために、水に加えるゼラチンの量を、作り方に書かれている量の倍ぐらいにした方がいいかもしれません。

実験に使うので、砂糖も果汁も加える必要はなく、お猪口《ちょこ》のような小さな容器に小分けしてつくればいいでしょう。実験に使う個数だけ、ゼラチン・ゼリーが固まった容器を準備してください。

さて、実験の開始です。ゼラチン・ゼリーの入った、小さな容器を三つ並べます。一つ目の容器のゼリーの上には、何も置きません。二つ目の容器のゼリーの上には、キウイの果肉の塊《かたまり》を置きます。三つ目の容器のゼリーの上には、キウイの果肉を揉《も》みつぶして、果汁ごと注ぎます。

このようにしたあと、時間をおいて観察します。すると、容器のゼリーの上に、キウイの果肉の塊を置いたものと、キウイの果肉を揉みつぶして、果汁ごと注いだものでは、ゼラチン・ゼリーの上の方がトロトロに溶けてきます。何も置いていない容器のゼラチン・ゼリーは、表面がプリンプリンとしており、ゼラチンは溶けません。

この実験から、キウイの果肉や果汁には、ゼラチンというタンパク質を溶かす成分が含まれていることが確認できます。その成分が、アクチニジンという物質なのです。

キウイのゼラチン・ゼリーが固まらない理由は、これで理解できました。でも、もう一つの疑問が残っています。ゼラチンの代わりに寒天を使った、キウイの寒天ゼリーは容易に固まることです。

「なぜ、キウイのゼラチン・ゼリーは固まらないのに、寒天ゼリーは固まるのか」という疑問が残されています。それに対しては、「寒天は、タンパク質ではなく炭水化物だから」が答えです。

アクチニジンは、タンパク質を分解する働きがありますが、タンパク質ではなく炭水化物である寒天を分解する働きはありません。そのため、寒天が固まるときに、キウイに含まれるアクチニジンは何の影響も及ぼしません。ですから、キウイの寒天ゼリーは固まるのです。

キウイには、寒天ゼリーを溶かす力がないことを、実験で確かめることもできます。ゼラチン・ゼリーをつくったときと同じように、寒天ゼリーをつくります。そのあとに、寒天ゼリーの入った小さな容器に小分けします。

ゼラチン・ゼリーのときと同じように、寒天ゼリーの小さな容器を三つ並べます。一つ目の容器のゼリーの上には、何も置きません。二つ目の容器のゼリーの上には、キウイの果肉の塊を置きます。三つ目の容器のゼリーの上には、キウイの果肉を揉みつぶして、果汁ごと注ぎます。この実験では、比較のために、四つ目に、ゼラチン・ゼリーの容器を準備し、その上に、キウイの果肉の塊を置くのがよいでしょう。

時間をおいて観察すると、四つ目の容器のゼラチン・ゼリーは溶けてきます。その理由は、ゼラチン・ゼリーの実験で考えた通りです。ところが、寒天ゼリーの容器では、どれも何も起こらず、寒天ゼリーは溶けてきません。ということは、キウイがゼリーを溶かしてしまうという現象は、ゼラチン・ゼリーだけに限られるということです。

その理由は、「寒天の成分は、タンパク質ではなく炭水化物だから」なのです。ですから、キウイに含まれるタンパク質を分解するアクチニジンは寒天に何の作用も及ぼしません。そのため、寒天ゼリーは溶けないのです。

ここまでで、「キウイのゼラチン・ゼリーは固まらず、キウイの寒天ゼリーは固まる」ということはよく理解できます。ですから、「キウイのゼリーは市販されているが、それらはキウイの寒天ゼリーだろう」と想像されます。

ところが、この予測に反して、キウイのゼラチン・ゼリーが市販されているのです。それを知ると、「市販されているキウイのゼラチン・ゼリーは、どのようにしてつくられているのか」との疑問が浮上します。実は、キウイのゼラチン・ゼリーをつくる方法はあるのです。

キウイのタンパク質を分解するアクチニジンには、「加熱されると、その働きをなくす」

という性質があります。ですから、ゼラチン・ゼリーをつくるときには、加熱しておいたキウイを使います。すると、キウイのアクチニジンは働きを失っていますから、ゼラチンが固まることを妨害しません。そのため、キウイのゼラチン・ゼリーをつくることができるのです。

「ほんとうに、そうなのか」と疑問をもつ人は、容易に実験で確かめることができます。加熱したキウイが、ゼラチン・ゼリーを溶かす力を失っているかどうかを実験で確認すればいいのです。

ゼラチン・ゼリーを入れた三つの容器の上に、何も置かないものと、加熱したキウイの果肉の塊を置くものと、加熱したキウイの果肉を揉みつぶして、果汁ごと注ぐものを準備します。この実験では、比較のため、加熱していないキウイを置く容器をもう一つ並べておけばよいでしょう。

時間が経過すると、加熱していないキウイを置いた容器のゼラチン・ゼリーは溶けてきます。それに対し、そのほかの容器のゼラチン・ゼリーは溶けてきません。ということは、加熱したキウイでは、ゼリーを溶かしてしまうという性質がなくなったということです。

最後に、実際に、加熱したキウイを使って、ゼラチン・ゼリーをつくってみれば、ここで紹介した内容はすべて確認できたということになります。

†夏休みの自由研究の発展

前項で、キウイがタンパク質を分解する物質をもっていることがわかり、どのような実験をすれば、タンパク質を分解する物質をもっていることが確認できるかがわかりました。さらに自由研究を、「そのような物質をもつ果物は、キウイだけなのか」と発展させることができます。

どのような果物がタンパク質を分解する物質をもっているかを調べる方法は、キウイの場合と同じです。実際に果物のゼラチン・ゼリーをつくってみればいいのですが、いろいろな果物の果肉、あるいは、果汁を、ゼラチン・ゼリーが固まった容器の上に置いて、ゼラチン・ゼリーを溶かす力を調べればいいのです。

いろいろな果物を調べてみると、パイナップル、イチジク、パパイア、メロンなどがタンパク質を分解する物質をもっていることがわかります。そして、これらの果物がもつ物質の名前は、図鑑などで調べてみればわかります。

キウイがもっている物質の名前はアクチニジンでしたが、パイナップルはブロメライン

（または、ブロメリン）、イチジクはフィシン、パパイアはパパイン、メロンはククミシンというタンパク質を分解する物質をもっています。

これらの果物の加熱したものや缶詰を使ってみると、ゼラチン・ゼリーを溶かす力がないことがわかります。缶詰は加工時に加熱されています。ですから、キウイの場合と同じように、加熱されたものには、タンパク質を分解する物質の働きはなくなっていることが確認できます。

その他にも、次のような発展が考えられます。たとえば、「キウイのゼラチン・ゼリーを溶かす力は、品種による違いはないのか」という疑問に取り組むことができます。グリーン・キウイと、近年増えてきたゴールド・キウイで、その力の差を比較してみるのです。

溶かす力を比較するのは、時間を追って、溶ける様子を観察していればわかります。同じ大きさの果肉の塊を置き、時間の経過を追って、どのくらい溶けていくかを調べます。

あるいは、一定の時間を決めて、その時間の経過後に、どのくらい溶けているか比較することにより、わかるでしょう。どのくらい溶けているかは、溶けた液をぽたぽたと落としてみれば、その落ちる液の量で比べられます。

分解する能力を比較することができるようになれば、キウイの部位による違いを調べることもできます。皮のまわり、タネを含んだ果肉の部分、芯の部分などから、同じ量の果肉の塊を取り出し、ゼラチン・ゼリーを溶かす力を調べるのです。果肉の塊を取り出した部分により、分解する力は違うでしょう。

また、果物による分解する力の違いを調べることもできます。キウイ、パイナップル、メロンなどの同じ大きさの果肉の塊を載せて、どれがゼラチン・ゼリーを多く溶かすかを比較します。

†なぜ、パイナップルを食べると、舌がチクチクするのか？

キウイ、パイナップル、イチジク、パパイア、メロンなどは、タンパク質を分解する働きをもっています。ですから、タンパク質が主な成分であるお肉を料理する前に、これらの果物のみじん切りをお肉といっしょに置いたり、しぼり汁にお肉をつけたりしておけば、お肉をやわらかくする効果が期待されます。

中華料理の酢豚に、パイナップルが入っていることがあります。「なぜ、酢豚にパイナップルが入っているのか」と疑問に思われます。昔は、パイナップルは高価なものだったので、酢豚に高級感をもたせるために入れられた可能性があります。

また、酢豚の彩《いろど》りをよくする効果もあるでしょう。でも、パイナップルには豚肉を消化してやわらかくする効果が期待できます。ですから、そのために入れられた可能性は否定できません。

ただ、パイナップルのこの効果を期待するのなら、調理のときにパイナップルを強く加熱してはいけません。加熱されると、パイナップルのもつタンパク質を分解する働きが消えるからです。

パイナップルがタンパク質を分解する物質をもっているために、私たちは思わぬ現象に出合います。多くの人が、パイナップルを多く食べると、舌がチクチクと感じるという経験をしています。そして、「なぜなのだろう」と不思議がられます。

この原因の一つは、パイナップルがタンパク質を分解する物質をもつためです。舌の表面には、ぬるぬるとした感触があります。これは、舌の表面がタンパク質を含んだ液で被《おお》われているからです。ところが、パイナップルを多く食べると、被っていたタンパク質が溶かされて、食べたものが直接に舌に触れるため、舌が敏感になります。

もう一つの原因は、パイナップルに、「シュウ酸カルシウム」という物質が含まれていることです。これは、顕微鏡《けんびきょう》で見ると、針のようにトゲトゲとしたものです。これが、タンパク質が溶かされて敏感になった舌の表面に直接に触れて、チクチクと感じるのです。キウイを多く食べると舌がチクチクと感じるというのも、パイナップルの場合と同じです。

多く食べなければ、チクチクすることはないのですが、チクチク感じるまでの量は、個人により異なります。パイナップルが大好きで、どうしてもたくさん食べたいときには、缶詰のパイナップルにするか、生のパイナップルを加熱してから食べるのがいいでしょう。

次に、「なぜ、キウイやパイナップル、イチジクなどの果物が、タンパク質を分解するような物質をもっているのか」という疑問が浮かびます。それは、これらの果物が、虫や幼虫、病原菌に食べられることから、からだを守るためです。虫や幼虫、病原菌が果物をかじれば、果物からタンパク質を分解する働きのある液が出て、これらのからだにかかります。

虫や幼虫、病原菌のからだには、タンパク質でできた物質が働いています。それらのタンパク質が分解されるのですから、これらは生きていられません。その結果、タンパク質を分解する物質をもつ果物は、虫や幼虫、病原菌にかじられることから、からだを守ることができるのです。

特に、パイナップルとキウイは、虫や幼虫、病原菌に食べられることから、からだを守る力が強いといわれます。これらの果物は、タンパク質を分解する物質だけではなく、シュウ酸カルシウムも身につけています。パイナップルとキウイが虫や幼虫、病原菌に強いのは、この二つの物質の効果によるものと考えられています。

私たちは、肉料理を食べたあとにデザートとして、タンパク質を分解する物質をもつ果物を食べると、消化が助けられます。夏の食欲のないとき、これらの果物は、食欲を高めてくれたり、食後の消化を助けてくれたりするはずです。

✝キウイの食べ頃は？

「キウイは夏の果物なのか」との疑問があるかもしれません。この果物は、一年中、果物店やスーパーマーケットなどで販売されているので、「夏が旬の果物」とはいえないかもしれません。でも、名前との語呂合わせで、「九月一日」が「キウ（九）イ（一）の日」と決められていますから、夏にふさわしい果物といえます。

この果樹の原産地は中国で、キウイの属名は「アクティニディア」であり、これはマタタビ属であることを意味します。マタタビは、ネコが特別の嗜好《しこう》を示すものですから、キウイを栽培していると、幹がネコに傷つけられるなどの被害を受けることがあります。

キウイは、二〇世紀になって、ニュージーランドで栽培の工夫がなされ、果物の品種として育成されました。当初は、中国の原産なので「中国スグリ」を意味する「チャイニーズ・グーズベリー」とよばれていました。

一九五九年、ニュージーランドから輸出される際に「キウイ」と名づけられました。「キウイの実の形や色が、ニュージーランドの国鳥であるキウイの丸っこい形に似ているから」という理由でした。この鳥の鳴き声が「キウイ」と聞こえるともいわれます。

現在、この果樹は、日本の国内では、愛媛県や福岡県、和歌山県などで栽培されています。主に、秋に収穫され、四月ころまで市販されています。ですから、国産のキウイの旬は秋といえます。しかし、キウイの国内産の自給率は低く、多くはニュージーランドなどから輸入されています。

ですから、春から秋までに出まわっているキウイの多くは、ニュージーランド産のものです。そのため、日本では、キウイはニュージーランド産の果物と思われていますが、世界的には、生産量の一位はイタリアで、二位が中国で、三位がニュージーランドです。

近年、キウイは、私たちのまわりの家の庭や家庭菜園などで栽培されています。その際、注意すべきことが、少なくとも二つあります。

一つは、この果樹は、果実を成らせる雌株《めかぶ》と、花粉をつくる雄株《おかぶ》が別々の株で、「雌雄《しゆう》異株《いしゅ》」とよばれるものです。イチョウなどと同じ性質です。ですから、果実を収穫することを目的に栽培するのなら、雄株と雌株の両方を植えなければなりません。

もう一つの注意すべきことは、キウイの果実は「追熟《ついじゅく》」、あるいは、「後熟《こうじゅく》」という性質をもつことです。これは、果実を収穫したあとに完熟させる必要があるということです。株につけたままで果実が完熟するまで待つと、果実が落下するので、完熟する前に収穫しなければなりません。そのため、収穫後、食べごろになるまである程度の日数を置く必要があるのです。

「追熟」の過程では、果物の中のデンプンが果糖やブドウ糖やショ糖などに変わることで甘みが増します。また、食物繊維であるペクチンが水に溶けない状態から水に溶けるペクチンになるためにやわらかくなります。

追熟が必要な果物は、キウイだけではありません。メロン、セイヨウナシ、スモモ、グレープフルーツなども追熟が必要です。トロピカルフルーツでは、パパイア、マンゴー、アボガド、チェリモヤ、パッションフルーツ、ドリアンなども同じです。

それらに対し、追熟が必要でない果物はあります。これらは、完熟状態で収穫され、購入時にすでに食べごろになっているので、日を置く必要はありません。ブドウ、イチゴ、パイナップル、リンゴ、ニホンナシ、スイカ、ビワなどです。

追熟させる簡単な方法は、常温に置くだけです。追熟を促すために、エチレンという物質を吸収させることがあります。袋にバナナやリンゴといっしょに入れて、密封すればいいのです。バナナやリンゴから放出されるエチレンという気体が、追熟を早く進行させ、成熟を促します。

第二章

秋に話題の植物

サツマイモ（翠王）

秋は、「実りの秋」、「食欲の秋」で、食材植物の話題には尽きることのない季節です。「〝秋の味覚〟といわれて、思い浮かぶものや好きなものは、何ですか」というアンケートがとられ、その結果のランキングがいくつか発表されています。

その上位には、サンマ、クリ、マツタケ、ナシ、カキ、新米などが並びますが、その中に、サツマイモがあります。本章では、サツマイモを取り上げ、新しい品種の誕生を含めて、いくつかの話題を紹介します。

そのあと、二〇一八年、日本から、国際宇宙ステーションに届けられた食材植物の話題を取り上げます。

†「救荒作物」とは?

サツマイモは、野菜といわず、作物といった方がいいかもしれません。これは、メキシコを中心とする熱帯アメリカが原産地で、ヒルガオ科の植物です。「コロンブスがヨーロッパに持ち帰って以後、栽培が広まった」といわれます。英語では「スウィート・ポテト」で、日本語の別名は「甘藷《かんしょ》」です。「藷」は「イモ」を意味する語なので、甘藷は「甘いイモ」を意味します。

この作物の学名は、「イポメア　バタタス」です。「バタタス」は、原産地の南アメリカで根の塊《かたまり》を意味する「バタタ」に由来するといわれ、サツマイモが塊根《かいこん》をつくることにちなみます。

「イポメア」は、ギリシャ語で「イモ虫」と「よく似ている」を意味する語を合わせてできたといわれ、「ツルが物に絡《から》まって這《は》い上っていく様子」に由来するといわれます。サツマイモのツルは、物につかまって這いあがることはありませんが、イモ虫が這うように横へ伸びていきます。

同じヒルガオ科のアサガオの学名が「イポメア　ニル」であり、アサガオが棒や紐《ひも》に絡まって伸びるツルの様子を考えると、イポメアの意味はよく納得できます。アサガオの「ニル」は、花の色である「藍色《あい》」を意味します。

この作物は、一六〇〇年頃、中国から琉球（現在の沖縄県）に伝わり、薩摩《さつま》（現在の鹿児島県）で栽培されました。八代将軍、徳川吉宗のもと、「甘藷先生」とよばれた蘭学者の青木昆陽《こんよう》が、栽培を奨励して、このイモを日本中に広めました。近年では、焼酎《しょうちゅう》ブームにのって、イモ焼酎の原材料である「コガネセンガン」という品種は、大人気で不足しがちなほどです。

サツマイモは、古くから、「救荒作物《きゆうこう》」といわれます。救荒作物とは、イネやムギが天候不順により不作になった年にも、十分に生育して収穫量があげられる作物であり、荒地でも栽培が可能なものです。

一七三二年、冷夏になった上に、おコメの害虫が大発生したために、江戸時代の大飢饉《ききん》である「享保《きようほう》の飢饉」がおこりました。そのとき、この作物は、「救荒作物」としての真価を発揮して、栽培を奨励されていた薩摩藩で、多くの人々の命を飢餓から救いました。

古くから栽培されてきた薩摩地方（現在の鹿児島県）には、毎年、多くの台風がきます。サツマイモは、台風にも強い作物です。なぜなら、サツマイモは、風を受けにくいように、葉っぱを地面に這うように横へ横へと展開しながら育つからです。そして、イモができるのは土の中ですから、地上の台風の被害を受けにくいのです。

これらの性質は、「やせた土地にでも育ち、強い太陽の光を好む」という性質とあいまって、南方の薩摩地方で栽培されるのにぴったりあいます。そのため、現在でも、サツマイモの収穫量は、鹿児島県が全国でトップです。

サツマイモの特性は、生産性の高さです。サツマイモのデンプン含有量は約三〇パーセントであり、七〇パーセント以上のおコメと比べると低いのです。しかし、同じ面積当たりの収穫量は、おコメと比べて、圧倒的に高いものです。そのため、私たちにとっては、おコメとともに、大切な作物なのです。

サツマイモの食用部は根です。塊になって肥大しているので、「塊根《かいこん》」といわれます。サツマイモの塊根は、私たちから「イモ」とよばれるものです。私たちは、秋にイモを掘りだして食べてしまい、春に売られている「イモ苗」を買って栽培をはじめるので、この植物の一年間の生き方はわかりにくいかもしれません。

しかし、サツマイモは、冬の寒さを塊根の状態で土の中でしのぐために、イモをつくっているのです。秋に掘りあげずに埋めたままにしておくと、春に、イモから芽が出てきます。サツマイモは、秋の台風や冬の寒さから、からだを守って生きる、力強い植物なのです。私たちにとっては、飢饉からからだを守ってくれる、たのもしい作物です。

†なぜ、石焼き芋は甘いのか?

サツマイモは、焼く前には、ほとんど甘みがありませんが、焼いたり蒸したりして調理すると、甘くなります。調理する前のサツマイモには、甘みのもとになる物質が多く含まれているのです。これがデンプンとよばれる物質です。

デンプンは、私たちの主食であるおコメにも多く含まれます。おコメを炊いたご飯をよく嚙《か》んでいると、口の中に甘みが漂ってきます。これは、おコメに含まれていたデンプンに、唾液に含まれるアルファ・アミラーゼという消化液が働きかけて、麦芽糖《ばくがとう》（マルトース）という甘みをもつ成分に変化したからです。

サツマイモの中には、「ベータ・アミラーゼ」という物質が含まれています。これは、アルファ・アミラーゼと同じように、デンプンに働きかけて、麦芽糖をつくりだします。しかし、通常の温度のもとでは、デンプンとベータ・アミラーゼの反応はおこりません。そのため、焼いたり蒸したりする前のサツマイモは、麦芽糖がつくられておらず、甘くありません。

サツマイモに含まれるデンプンは、高い温度に保たれると、ネトッとした糊《のり》のような状態に変化します。これは、「糊化《こか》」とよばれる現象です。この反応は、温度の高さに依存し、六五〜七五度でもっともよく進みます。

サツマイモの中に含まれるベータ・アミラーゼは、「糊化」していない状態のデンプンには、働きかけません。デンプンが糊化すると、ベータ・アミラーゼがよく働きかけます。その結果、麦芽糖がつくられ、甘くなります。そのため、サツマイモが甘くなるには、まず糊化するために、高い温度に保たれなければなりません。

糊化したデンプンに働きかけるベータ・アミラーゼの作用も、その程度は、温度により異なります。ベータ・アミラーゼが働く最適な温度は、六五〜七五度です。糊化がよく進む温度と同じなのです。

これ以下の温度では、反応があまり進まず、これ以上の高い温度になると、ベータ・アミラーゼの働きは衰えていきます。結局、糊化する温度と、ベータ・アミラーゼがよく働く温度は、同じ六五〜七五度なのです。

だから、サツマイモでは、内部の温度が約七〇度に保たれるように、時間をかけてゆっくりと焼かれたり蒸されたりすると、デンプンが糊化して、ベータ・アミラーゼはよく働くので、麦芽糖がつくられるという反応がよく進むのです。すなわち、デンプンがよく分解されて、多くの麦芽糖が生じます。こうしてつくられた麦芽糖が、サツマイモの甘みを感じさせるのです。

サツマイモの品種にもよりますが、麦芽糖のほかには、ショ糖（スクロース）、果糖（フラクトース）、ブドウ糖（グルコース）などが少量つくられます。これらも、サツマイモの甘みに貢献します。

石焼き芋の場合には、温められた石を介して、熱がサツマイモの内部が、長い時間約七〇度に保たれるように焼かれます。これが、石焼き芋が甘い理由です。

それに対し、「電子レンジで温めると、おいしい焼き芋にならない」といわれます。これは、電子レンジでは、短時間に急激に温度が上昇してしまい、イモの内部が約七〇度に保たれる時間を短く通過してしまうためです。温度が上がりすぎると、ベータ・アミラーゼの働きがなくなってしまうのです。

約七〇度に長く保つことが、甘くなる理由だということなら、蒸す場合も、その温度に保っておけば同じように思われます。たしかに、イモは蒸されると甘くなりますが、石焼き芋ほど、甘くはなりません。

この理由は、蒸した場合には、イモに水分が多く含まれることが原因です。これに対し、焼かれた場合には、「水分が蒸発するので、甘みが凝縮している」と考えられます。そのため、「蒸した場合よりも、焼いたほうが甘く感じる」といわれます。

「ジャガイモにも、デンプンがよく含まれるのに、サツマイモのようなおいしい焼き芋にならない」と不思議がられることがあります。たしかに、ジャガイモでつくるホクホクの

〝ふかしいも〟は十分においしいですが、甘みは、サツマイモの焼き芋には及びません。

これは、ジャガイモに含まれているベータ・アミラーゼが少なく、麦芽糖が多くつくられないためです。

†なぜ、サツマイモを食べると、〝おなら〟がでるのか？

「うんこ」という言葉は、大人には、人前で口にするのは少し気恥ずかしく、なるべく忌避されがちです。しかし、子どもにとっては、口にすると、楽しくなる魔法のような言葉なのかもしれません。

近年、この言葉は、子ども向けの本である「うんこ漢字ドリル」や「うんこ計算ドリル」などのタイトルに堂々と使われ、これらの本がベストセラーになって、多くの人に購入されています。そのため、「うんこ」という言葉は、大人の社会でも、市民権を得つつあるようです。

「うんこ」と同じように、「おなら」という言葉も、大人には、人前で口にするのはちょっと気恥ずかしく感じられ、敬遠されがちなものです。しかし、サツマイモの話になると、この言葉を使わざるを得ません。

おならという言葉を避けるなら、「ガス」という語になります。それでもいいのですが、「うんこ」が抵抗なく受け入れられるようになっているのですから、ここでは、「おなら」という語を使います。

おならという言葉の語源は、音が出るので、「音を鳴らす」という意味をもつ「鳴らす」あるいは「鳴らし」に、「お」がついたものが転化したものとされます。だから、音が伴わない場合は、おならではなく、「屁《へ》」という語を使うべきだといわれることもあります。両方とも、腸で内容物を消化する際に発生したガスが、肛門から排出されるもので、そのような使い分けが実際に行われているかどうかは不明です。

サツマイモを食べると、おならがよくでることが知られています。「なぜ、サツマイモを食べると、おならがよくでるのか」と、ふしぎがられます。特にサツマイモが他の食材と変わったものではないのですが、サツマイモには、多くのデンプンが含まれています。

デンプンは、おコメやコムギ、トウモロコシやジャガイモなどにも、多く含まれています。ところが、サツマイモのデンプンは、これらのデンプンに比べて、消化されにくいという特徴があります。

そのため、サツマイモを食べると、それを消化するために、腸が激しいぜん動運動を活発に行います。ぜん動運動というのは、腸がくびれてうねうねして、内容物を送っていく運動です。

このぜん動運動が活発に行われると、多くのガスが発生し、おならとなるのです。特に、サツマイモのデンプンは消化しにくいので、腸が活発に長く働かなければならず、そのために、多くのガスが発生するのです。

もう一つの理由は、サツマイモには食物繊維の量が多いことです。食物繊維は消化しにくいものであり、これを消化しようとして、腸のぜん動運動とともに、腸の中にいる腸内細菌が活発に長く活動します。そのため、多くのガスが発生するのです。

この二つの理由で、サツマイモを食べると、多くのガスが発生し、おならがよくでるのです。

†〝サツマイモのおなら〟は、臭くないのか？

サツマイモを食べると、おならがよくでます。ただ、サツマイモを食べたあとにでる〝おなら〟は、「臭くない」といわれます。サツマイモだけが原因ででるおならか、他の食べものがまじってでるおならなのかの区別は、厳密に分けられるものではありません。

ですから、ほんとうに、「〝サツマイモのおなら〟は、臭くない」のが正しいかどうかは、わかりかねるでしょう。でも、理屈として「〝サツマイモのおなら〟は、臭くない」というのは、正しいのです。

おならが臭いのは、イオウやアンモニアという物質が含まれたときです。イオウを含んだ食べ物が消化されたときには、イオウを含む気体になり、臭くなります。また、アンモニアは、窒素《ちっそ》という成分を含む食べ物が消化されると発生します。イオウや窒素は、肉などに含まれるタンパク質に多く含まれています。

それに対して、サツマイモの主な成分であるデンプンは、イオウも窒素も含まないので、サツマイモを食べたときにでるおならには、イオウもアンモニアも含まれていません。そのため、サツマイモを消化したあとにでるおならは、臭くないのです。

また、「サツマイモを皮ごと食べると、おならがでない」といわれます。これは、「ほんとうか」と疑問に思われます。でも、これには、きちんとした理由があるのです。それは、サツマイモの皮の内側にサツマイモの消化を促すための「ヤラピン」という物質が含まれていることです。

ヤラピンは、生のサツマイモを切ったときに、切断面の外側近くにでてくる白い汁のようなものです。ヤラピンは、昔から、消化を助ける物質として知られています。そのため、腸のぜん動運動で発生するガスが少なくなります。

また、「サツマイモを食べると、便秘を防ぐ」といわれるのは、ヤラピンの消化を促進する作用と、消化されにくい食物繊維の整腸作用の相乗効果によるものともいわれます。

†食用部は、根ではないのか？

サツマイモのイモと、ジャガイモのイモは、同じイモであっても、植物学的には、茎と根の違いがあるということが、話題になることがあります。

「イモ」という言葉は、植物の根や地下茎《ちかけい》が肥大して養分を蓄えたものに使われます。そのため、サツマイモもジャガイモも、同じ「イモ」という言葉が使われます。しかし、同じイモであっても、食用部の性質が異なります。

サツマイモの食用部は、根です。根に栄養が蓄えられて、かたまり（塊）となって肥大したもので、サツマイモのイモは「塊根」とよばれます。それに対し、ジャガイモの食用部は、「根」と思われがちですが、根ではありません。ジャガイモの食用部は、茎なのです。茎に栄養が蓄えられて、かたまり（塊）となって肥大しているので、ジャガイモのイモは「塊茎《かいけい》」とよばれます。

サツマイモの食用部は根であり、ジャガイモの食用部は茎であるといわれると、「同じイモなのに、どのように茎と根に区別されるのか」との疑問が浮上します。この疑問を解くためには、二つのイモにある三つの性質の違いをあげることができます。

一つ目の違いは、サツマイモのイモは、光が当たっても、緑色にはならないのに対し、ジャガイモのイモは、光が当たると、緑色になることです。根には、緑の色素をつくる性質がないので、サツマイモのイモは、光が当たっても、緑色にはなりません。茎には、葉っぱと同じように、光が当たると、クロロフィルという緑の色素をつくる性質があります。ジャガイモのイモは、茎ですから、光が当たると緑色になります。

二つ目の違いは、サツマイモのイモには、多くの細い根が生え出ていますが、ジャガイモのイモの表面はツルツルして、細い根がないことです。サツマイモのイモは根ですから、表面からは、〝ひげ根〟が多く出てきますが、ジャガイモのイモは茎ですから、茎の表面からは、根が出ないのです。

三つ目の違いは、サツマイモのイモには、〝くぼみ〟に当たるものがありませんが、ジャガイモのイモの表面には、〝くぼみ〟があることです。ジャガイモの芽がイモから出てくるのを観察すると、表面の〝くぼみ〟の部分から芽が出てきます。

ジャガイモのイモは茎ですから、くぼみの部分に芽が隠れているということです。確かめようと思えば、くぼみの部分を含めて深く切り取ってしまうと、イモから芽が出てきません。これを指して「芽かき」という言葉が使われるのは、このくぼみの中に芽があることを意味します。

それに対し、サツマイモのイモには、ジャガイモのようなくぼみはありません。このイモは茎ではないからです。「少しくぼんだ部分がある」と思われるイモもたまに見られます。でも、イモから芽が出てくるとき、その場所からは出てきません。そこには、芽が隠れているわけではないからです。

「サツマイモでは、イモから芽は出ないのか」との疑問が浮かびますが、サツマイモでもイモから、芽が出てきます。でも、そのときは、長細いイモの上部（収穫したときに茎に近かった部分）から芽が出て、イモの下部から根が出ます。これは、そこに芽が隠されていたのではなく、イモの中で新しい芽がつくられて出てくるのです。サツマイモのイモには、そのような力が備わっているのです。

†サツマイモの新品種の特徴は？

私たちが健康を守るために避けられないのは、「活性酸素」という目に見えないものとの戦いです。活性酸素は、紫外線が当たれば発生し、日常生活の中でストレスを感じると生まれ、また、呼吸に伴って自然に発生もします。発生した活性酸素は、「からだを錆《さ》びさせる」と表現される有害な物質です。

活性酸素は、シミやシワ、白内障の原因になるなどといわれ、ひどい場合には、皮膚がんを引き起こすといわれます。また、活性酸素は、「病気の九〇パーセントは、活性酸素がきっかけ」とか、「生活習慣病、ガン、老化は活性酸素が引き金」などといわれたりする、有害な物質です。

そのため、私たちは、健康であるために、発生する活性酸素を消去する物質を摂取しなければなりません。その働きをもつ物質が「抗酸化物質」とよばれるものです。近年、この言葉は健康食品のカタログに頻繁《ひんぱん》に出てきます。それに対し、抗酸化物質はその有害な活性酸素を消去するのですから、健康に良いはずです。

代表的な抗酸化物質が、ビタミンCです。これは、活性酸素を消去する物質ですから、

「ビタミンCは、老化を抑制する」とか、「ビタミンCは、白内障のリスクを減少させる」などの効果を示す研究結果が発表されています。

もう一つの有名な抗酸化物質は、ビタミンEです。ビタミンEは、老化を抑制するので、〝若返りのビタミン〟とよばれます。これは、アーモンドやピーナッツ、ダイコンの葉っぱやカボチャなどに多く含まれています。

植物は、ビタミンCやビタミンE以外にも、強力な抗酸化物質を備えています。その一つがアントシアニンです。これはポリフェノールと総称される物質の一種なので、ポリフェノールという言葉で代用されることもあります。

もう一つのよく知られている抗酸化物質が、カロテノイドです。カロテノイドも、多くの物質を総称する名称です。その代表的な物質が、カロテン、あるいは、カロチンとよばれているものです。

植物は紫外線が降り注ぐ条件下で生きていますから、活性酸素を消去するために、これらの物質をつくりだします。しかし、私たちは、これらの物質を自分でつくりだすことができません。そこで、私たちは、植物が自分のからだを守るためにつくりだすこれらの物質を食べ物として植物から摂取し、それらを健康を保つために利用しているのです。

私たちは、食材となる植物がなるべく多くの抗酸化物質をもっていてくれることを望みます。食材植物が本来もっているものだけでは満足せずに、その性質を変えてでも、植物がそれらの物質を多くつくるようにします。それが、食材植物の品種を改良する一つの大きな目的になります。

たとえば、サツマイモの品種改良では、多くの抗酸化物質をつくるサツマイモがつくられています。赤色の色素であるアントシアニンをもつサツマイモは、一九九五年に品種登録された「アヤムラサキ」、二〇〇一年に品種登録された「ムラサキマサリ」、二〇〇二年に品種登録された「パープルスイートロード」などがあります。

また、黄色の色素であるカロテノイドを含んだ「ベニハヤト」が一九八六年に命名されて登録され、カロテンを含む加食部が橙《だいだい》色の「ジョイレッド」が一九九九年に品種登録されています。これらは、いずれも、健康に良いサツマイモとして人気になっています。

サツマイモのもう一つの品種改良の方向は、イモの部分だけでなく、葉っぱや茎（ツル）が食べられるサツマイモをつくることです。葉っぱには、えぐみや青臭さがありますが、栄養もあります。

戦後の食糧の乏しかった時代、サツマイモはよく食べられました。イモはもちろんですが、葉っぱやツルも貴重な食料として、飢えをしのぐのに役立ちました。「イモのお粥《かゆ》」や「イモの雑炊」として、空腹を満たす助けになりました。

しかし、食べものが豊富な時代になると、おいしくない部分が食べられなくなりました。サツマイモを栽培すると、イモを収穫したあとに、緑色のきれいな葉っぱやツルが多く捨てられます。「もし、これが食べられたら」との思いに応《こた》えるように、新しい品種が開発されてきたのです。

茎や葉っぱを食べる野菜は、多くあります。たとえば、葉っぱを重なり合わせて球状になる「結球性《けっきゅうせい》」野菜があり、キャベツ、ハクサイやレタスは「三大結球野菜」です。これに対し、葉っぱが重ならずに広がった状態になる「非結球性」の野菜があります。ホウレンソウ、コマツナ、シュンギクは、「三大非結球性青菜」です。

ところが、これらは暑い夏が旬ではありません。夏に葉っぱやツルを食べられる野菜は、比較的少ないのです。そのため、暑さに強いサツマイモに目が向けられました。農研機構九州沖縄農業研究センターが品種の開発に取り組み、葉っぱやツルがおいしく食べられる品種がつくられました。

本来、サツマイモの葉っぱや茎には、えぐみや青臭さがあるため、おいしく食べられるものにするには、約七年の年月がかかりました。この品種の葉っぱやツルは、炒め物やあえもの、天ぷらなどで、おいしく食べられます。また、ミキサーやジューサーにかければ、ジュースとして飲めます。イモの部分は、通常のサツマイモのように食べるのにはおいしさが劣りますが、焼酎の原料には使われます。

二〇〇四年に、この新しい品種は「すいおう」という名前で、登録されました。漢字名には、「翠王」の字が当てられます。「翠」は「緑」を意味し、すいおう（翠王）とは、「緑の王様」を意味します。

育っているときには、かわいらしい緑色の葉っぱが特徴です。その緑の葉っぱや茎には、ポリフェノールのクロロゲン酸やカロテノイドの一種であるルテイン、ビタミンやミネラルが多く含まれています。

†サツマイモに、花は咲くのか？

サツマイモの収穫期になると、「サツマイモに、花は咲かないのか」という疑問が話題になります。家庭菜園などで栽培されるサツマイモは、春から苗で栽培され、秋に収穫されます。たしかに、この期間には、花を見かけません。

秋早くに収穫せずに、「もう少し待っていれば花が咲くのか」と思い、収穫せずに待っていても、花は咲きません。冬にサツマイモの苗を植えても、春に花は咲きません。サツマイモに、花は咲かないのでしょうか。

サツマイモでは、多くの抗酸化物質をつくる品種を期待して、品種改良が行われています。また、前項では、葉っぱやツルが食べられる、新しい「すいおう（翠王）」という品種が生まれていることを紹介しました。

品種改良には、父親となる品種の花粉を母親となる品種のメシベにつけて、タネをつくるという方法がとられます。そのためには、花を咲かさなければなりません。実際に、サツマイモでも品種改良が行われているのですから、花を咲かせる方法があるはずです。

どのようにして、サツマイモに、花を咲かせているのでしょうか。サツマイモが花を咲かせるためには、「暖かく長い夜」が必要なのです。本州では、夜が十分に長くなる秋には、暖かくないので、花は咲きません。

それに対し、夜が十分に長くなる秋にも暖かい九州の南部や沖縄県では、この条件が満たされ、花が咲きます。そのため、サツマイモの品種改良は、おもに九州の南部や沖縄県で行われました。

サツマイモの花

しかし、これらの地域でなくても、サツマイモの花を咲かせる方法があります。アサガオを台木《だいぎ》として、サツマイモを接《つ》ぎ木するのです。といっても、「なぜ、唐突に、アサガオが出てくるのか」と思われるかもしれません。実は、アサガオは、サツマイモと同じヒルガオ科の植物なのです。

接ぎ木は、近縁な植物では、成功する確率が高いのです。たとえば、よく売られているキュウリやゴーヤ、スイカの接ぎ木苗は、同じウリ科のカボチャに接ぎ木されているものが多いのです。また、ナスも同じナス科の赤ナスに接ぎ木されています。

アサガオは、サツマイモと同じヒルガオ科の植物であり、夏に、多くの花を咲かせる植物です。そこで、アサガオを台木として、サツマイモを接ぎ木します。アサガオは、葉っぱが長い夜を感じると、花が咲きます。

しかも、アサガオは、サツマイモほど暖かい温度で夜を感じる必要はありません。ですから、台木としたアサガオの葉っぱに、ふつうの温度で、長い夜を与えて育てます。すると、接ぎ木されたサツマイモに花が咲くのです。

この現象は、「アサガオが花を咲かせるために葉っぱでつくった物質が、接ぎ木されたサツマイモの芽に移動して、花を咲かせる」ということを意味します。アサガオの花を咲かせる物質と、サツマイモの花を咲かせる物質が共通であることを示しています。

†宇宙に運ばれた食材植物とは?

二〇一八年九月、国際宇宙ステーションから、「生鮮な食材である植物が届けられた」との写真が送られてきて、話題になりました。その写真には、地球から送られた野菜、果物を受け取って喜ぶ宇宙飛行士の姿が写っていました。

これらの食材植物は、日本の無人補給機「こうのとり七号」により、国際宇宙ステーシ

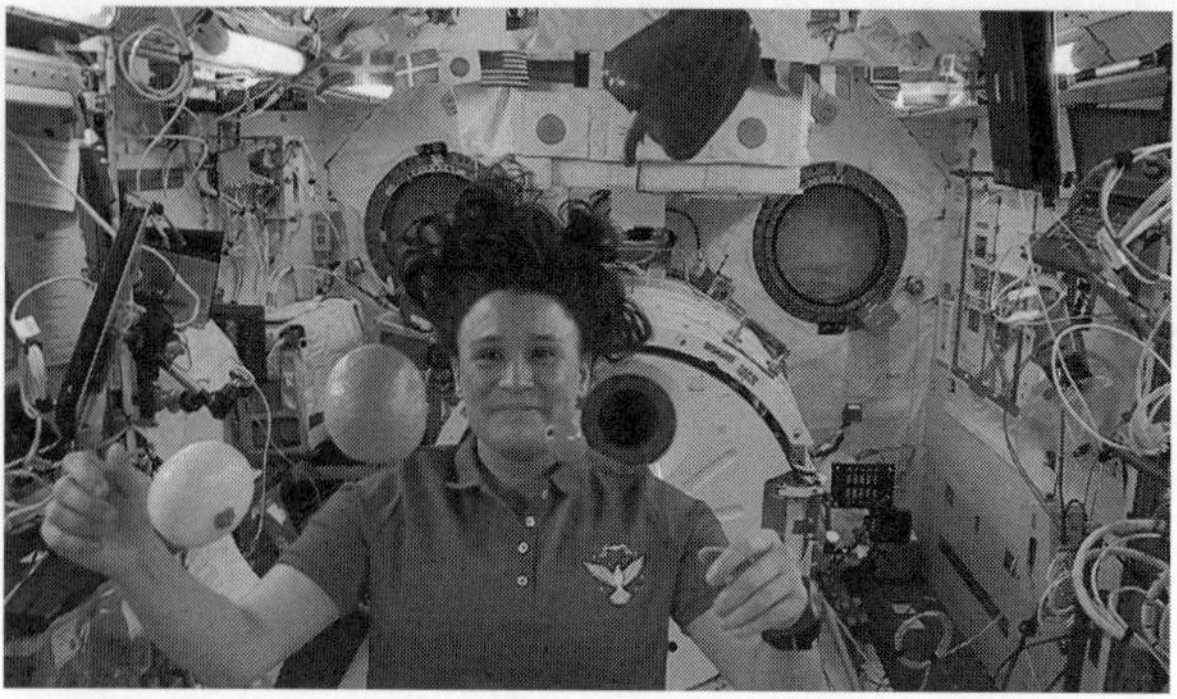

国際宇宙ステーションに運ばれた生鮮食品（画像提供：JAXA/NASA）

ョンに滞在する宇宙飛行士に届けられました。北海道産のタマネギ、愛媛県産と佐賀県産の温州ミカン、宮城県産のパプリカ、岡山県産のブドウ（シャインマスカット）でした。

「なぜ、これらの四種類の食材植物が選ばれたのか」との疑問が浮かびます。国際宇宙ステーションに届けられる生鮮な食材植物に選ばれるには、いくつかの条件があります。衛生的なものであることや、無人補給機に搭載するためのスペースなども考慮されますが、提供される食べものとしての大切な四つの性質があります。

一つ目は、調理せずに、そのまま生で食べられることです。二つ目は、約二二度の常温で、四週間以上保存が可能なことです。三つ目は、食べたあとに、残りかすが少ないこと、四つ目は、食べるときに、果汁が飛び散ることがなるべくないことです。

もちろん、新鮮な野菜と果物ですから、それを食べる宇宙飛行士の健康を守ることに貢献することは期待されています。運ばれた四種類の食材植物、タマネギ、温州ミカン、パプリカ、ブドウは、この条件を満たしていました。

たとえば、タマネギは、そのままでも食べられるし、保存もできます。また、食べたあとに、破棄する部分はほとんどありません。そして、食べるときに、飛び散るほどの汁はありません。

また、タマネギは、「一日一個で、医者を遠ざける」といわれる健康に良い野菜です。抗酸化物質であるケルセチンが含まれており、血液をサラサラにする効果をもたらす野菜として知られています。宇宙飛行士の健康に貢献することが期待されているのでしょう。

これらの食材植物の話題を紹介しようと思いますが、温州ミカンについては、第三章の「人間の健康を守る〝温州ミカンの力〟」で紹介します。タマネギの話題は、第七章の「切り刻んでも、涙の出ないタマネギ」で紹介します。

ここでは、次項と次々項で、パプリカとブドウについて、紹介します。

†歌われる〝パプリカ〟

パプリカは、ナス科の仲間、トウガラシ属の野菜で、辛みのないトウガラシの一種です。「ピーマンとの違いは、何か」との疑問がもたれます。植物学的には、ピーマンもナス科トウガラシ属の野菜であり、パプリカとピーマンの違いはありません。原産地も、ともに南アメリカです。

パプリカの世界での生産地は、主に、ハンガリーやスペイン、オランダ、ニュージーランド、韓国などです。近年は、日本でも栽培されています。国内の主な産地は、宮城県や茨城県、熊本県ですが、長野県や山形県、宮崎県などでも栽培されています。ただ生産量は少ないので、オランダや韓国、ニュージーランドなどから、輸入されています。

私たちにとっては、ピーマンは緑色で食べますが、これは未熟な状態です。緑のときに収穫せずに放っておくと、真っ赤に変色し、赤いパプリカと同じ色になります。だからといって、赤くなったピーマンと赤いパプリカは、同じものではありません。

パプリカは、平成の時代になって、私たちの暮らしの中に入ってきたものです。パプリカという名前は、ハンガリー語です。ピーマンは、果肉が薄くて細長く、成熟前に食べるものですが、パプリカは、果肉が厚くて、全体が大きく、成熟してから食べるものです。ピーマンは、江戸時代の日本に、ポルトガル人によってもたらされたといわれています。この野菜の名前は、フランス語の「ピマン・ドゥ」に由来します。

ピーマンではなく、パプリカが国際宇宙ステーションに運ばれたのは、理由がわかるような気がします。タネの取りやすさを考えると、パプリカもピーマンも同じです。どちらも、タネは果実の空洞の上部にある綿のようなものに、まとまってくっついています。

両方ともタネが取りやすく、生で食べるのなら、パプリカの方が甘くて食べやすいです。しかも、パプリカの果肉は厚くて、食べ応えがあります。そのため、ピーマンではなく、パプリカが選ばれたのでしょう。赤いパプリカには、赤色の色素カプサンチンが含まれています。これは、コレステロールの値を下げ、動脈硬化や心筋梗塞《こうそく》を防ぐといわれます。

ピーマンは、若い果実を食用としており、完熟すると真っ赤になります。家庭菜園をやっておられる方なら、収穫し忘れて真っ赤なピーマンに出合う経験をされた人は多いでしょう。真っ赤なピーマンには、カプサンチンなどが多く含まれており、脂肪を燃焼させたり、シミを防いだりする効果があるといわれます。

赤いピーマンにそのような栄養があるのなら、「なぜ緑色の未熟なピーマンを食べ、赤色の完熟したピーマンを食べないのか」との疑問が浮かびます。たしかに、赤色の完熟したピーマンは栄養的には魅力です。緑色のピーマンがもっているビタミンC、ビタミンE、カロテンなどの健康に良い抗酸化物質は、赤色のピーマンのほうが緑色のピーマンより二倍以上多く含まれています。

しかも、赤くなったピーマンには苦みがなく、苦いのが嫌でピーマンを嫌う人たちにも食べやすくなります。これらの点だけを考えれば、緑のピーマンより赤いピーマンを食べれば良いということになります。

しかし、実際には緑色の未熟なピーマンが売られ、多くの人に購入され食べられています。その理由の一つは、きれいな緑色のピーマンには、野菜の新鮮さが感じられるからでしょう。でも、もう少し大切なのは、栽培期間と価格の問題があります。

赤色の成熟したピーマンを食用にすると、ピーマンの価格が高くなります。なぜなら、緑色のピーマンは花が咲いて約二〇日後に収穫できますが、赤色に完熟するまでには約五〇日かかります。

ピーマンは、緑色のものを収穫すると、次々と花を咲かせ、実がなりますが、収穫せずに赤色に完熟するのを待つと、収穫量がかなり減ります。また、赤色に完熟したものを市場に出すと、市場での日持ちが悪く、販売者にとって管理するのがむずかしくなります。緑色の未熟なピーマンが食べられる理由のもう一つは、苦みをおいしいと感じる人が多くいることです。また、苦みとなる成分は健康に良いことが知られていることもあります。ピーマンの苦み成分であるクエルシトリンには、血管を強くし、血圧の上昇を防ぐ効果があるといわれます。

甘み、塩み、酸み、旨《うま》み、苦みが、五つの味覚とされます。苦みは、この中でもっとも嫌われるものですが、大人になると、これをおいしいと感じる人が多くいます。たとえば、コーヒーやビールへの嗜好《しこう》は、苦みを求めているだけとは限りませんが、そうした味にひかれる人も多くいます。

野菜では、ゴーヤなども表面が黄色くなって完熟すれば、苦みが減り、果実の内部も赤くなり、甘みが増します。でも、昔から緑色の未熟なままで収穫され食用とされます。そして、「ゴーヤは、苦みがおいしい」と表現されることもあります。

これらの理由で、ピーマンも緑色のものが昔から食用とされてきているのでしょう。赤色の完熟したピーマンを食べることを望む方は、家庭菜園で栽培して、赤くなってから食されるのも一つの方法です。

パプリカの花

二〇一八年八月、「パプリカ」は、食材としての野菜とは別の分野で、一躍話題となりました。NHK（日本放送協会）が「2020応援ソングプロジェクト」を展開する中で、「パプリカ」という題名の新曲を発表したのです。

シンガーソングライターや映像作家などとして幅広い分野で活躍する米津玄師の作品で、二〇二〇年の東京オリンピック・パラリンピック開催年に向けた応援ソングとして、五人の子どもたちのグループ「Foorin（フーリン）」に歌われていました。パプリカは、食べられるだけでなく、歌われるのです。

「このタイトルのパプリカが、野菜のパプ

リカを指すのか」とか、「この曲に、野菜のパプリカが歌われているのか」とか、「この曲と、野菜のパプリカがどのようなつながりがあるのか」などの疑問が浮かびます。

でも、歌詞の中に、「パプリカ　花が咲いたら　晴れた空に種を蒔こう」というフレーズがあり、このタイトルは、野菜のパプリカのことだと思われます。パプリカの果実の赤色、オレンジ色、黄色の鮮やかさと、パプリカという語感が、二〇二〇年より先の世界を生きる人々に、明るい希望を抱かせる象徴の一つとして使われたのでしょう。

パプリカの花は、六枚の白い花びらをもつ小さなものですが、果実には、多くのタネが含まれます。その花とタネに、子どもたちが、元気に生きていく夢を託したものと思われます。

✝シャインマスカットの悩みとは？

近年、シャインマスカットは人気を高めています。ふつうのブドウの糖度は一五〜一六パーセントですが、このブドウの糖度は一八〜一九パーセントと高いので、甘みがあり、適度な酸味ももちあわせていて、さわやかな食感があります。果皮は薄く、美しく上品な翡翠《ひすい》色です。皮ごと食べられるという手軽さも魅力の一つになっています。

本来、タネをつくるブドウですが、他の多くのブドウの品種と同じように、ツボミができて実ができるまでに、ジベレリンという物質で処理されることによって、タネなしになっています。

果実をつかった和菓子として「イチゴ大福」は人気がありましたが、近年は、「シャインマスカット大福」がつくられています。このブドウは、タネなしであり、皮ごと食べられるので、イチゴ大福と同じように、お餅といっしょに丸ごと一粒が食べられます。

このブドウは、広島県東広島市の農林水産省果樹試験場安芸津《あきつ》支場（現・農研機構果樹茶業研究部門ブドウ・カキ研究領域）で、新しい品種として育成されました。これは、一九八八年に、「安芸津《あきつ》21号」に「白南《はくなん》」を交配して生まれ、二〇〇三年に、「シャインマスカット」として命名され、二〇〇六年に品種登録されました。このブドウの開発に、約二〇年間がかけられていることになります。

ブドウには、ヨーロッパブドウとアメリカブドウがあります。シャインマスカットは、この両方の性質を受け継いでいます。ヨーロッパブドウは、果皮が薄く、香りが良いのですが、病気に弱いという性質があります。代表的な品種に、「ブドウの女王」といわれる「マスカット・オブ・アレキサンドリア」があります。

シャインマスカットの親である「安芸津21号」は、このマスカット・オブ・アレキサンドリアの子どもであるため、シャインマスカットは、「ブドウの女王」の孫ということになります。「輝く」という意味を込めて「シャイン」と名づけられているように、その姿は「ブドウの女王」の輝くような美しさを受け継いでいます。

もう片方の親である「白南」が、アメリカブドウです。アメリカブドウは、香りはよくないのですが、病気に強いという性質が備わっています。アメリカブドウの代表的な品種が、「デラウェア」です。

シャインマスカットの主な産地は、長野県、山梨県、岡山県、山形県などです。今回、国際宇宙ステーションに運ばれたのは、岡山県産のものでした。このブドウは、人気が高く、宇宙に行くだけではなく、日本から外国にも輸出されています。

このような人気で話題になるのはいいのですが、悩ましいことでもよく話題になります。それは、中国や韓国の国内で、日本には無断で、このブドウが栽培され販売されていることです。

日本で長い年月をかけて育成されたイチゴの品種が、いつの間にか、中国や韓国で栽培され、市場に出ているということが、以前からよくありました。近年では、このブドウが中国や韓国で栽培され、その果実が、香港、タイ、マレーシア、ベトナムなどの東南アジアの市場で流通しているのです。

新しく開発された農作物の品種は、日本国内では、種苗法《しゅびょうほう》により、品種登録したあと、二五年間（果物の場合は三〇年間）は、登録者が販売権を独占できることになっています。しかし、中国や韓国では、日本での販売開始から四年（果物では六年）以内に登録を出願しないと、日本が独占的に販売する権利がなく、栽培の差し止めもできないことになっています。

シャインマスカットでは、このような事態になることが想定されなかったために、中国や韓国には、日本から登録が出願されていなかったのです。

第三章
冬に話題の植物

温州ミカン

第二章の「宇宙に運ばれた食材植物とは？」で紹介したように、温州《うんしゅう》ミカンが、日本の無人補給機「こうのとり七号」によって、国際宇宙ステーションに滞在する宇宙飛行士に届けられました。本章では、この温州ミカンについて紹介します。

また、冬は鍋料理の季節です。鍋に入れる前に、新鮮なハクサイの姿をよく目にします。そのとき、多くの人が気になるものがあります。ハクサイの葉っぱの中央部の白い部分に黒い斑点があることです。この黒い斑点の正体を紹介します。

最後に、イチゴの栽培への疑問を取り上げました。一昔前、イチゴの旬は春でした。近年は、全国のイチゴ園が、語呂合わせで「いいイチゴの日」とされる「一月一五日」を目指してオープンします。全国のホテルなどでは、イチゴビュッフェやストロベリーフェアが、本格的な春の訪れに先駆けて開催されはじめます。ですから、イチゴの話題は、冬にふさわしいということになります。

†温州ミカンは、むずかしい漢字で話題に！

温州ミカンは、中国から日本にもたらされたときには、タネがありました。ところが、鹿児島県（当時の薩摩《さつま》藩）で栽培されていた江戸時代の前期に、「タネなし」になりました。

そのとき、このミカンは、「花粉がタネをつくる能力をなくす」と同時に、「タネができなくても、実が肥大する」という性質を身につけたのです。

タネなしになったミカンには、中国のミカンの集散地として名高い「温州《うんしゅう》」にちなんで、「温州ミカン」という名前がつけられました。そのため、このミカンは、いかにも「中国生まれ」のような印象を受けます。しかし、この果物は正真正銘の日本生まれです。

このミカンが生まれた江戸時代は、タネ（子ども）がなければ「御家断絶」という時代でした。そのため、「タネなし」という性質は忌《い》み嫌われました。しかし、明治時代になると、皮が剝《む》きやすくタネがないという食べやすさと、その味わいが評価され、人気が高まってきました。

二〇〇七年にNHK（日本放送協会）の放送文化研究所が、全国三〇〇地点、一六歳以上の国民三六〇〇人を対象に、好きな果物の調査を行いました。そのランキングでは、温州ミカンは、第二位になっています。ちなみに、第一位はイチゴでした。

温州ミカンが人気の理由には、成熟する時期が異なるような品種がそろえられており、長く楽しめることもあります。一昔前、この果物の旬はお正月ころでした。しかし、最近は、九〜一〇月に極早生《ごくわせ》、一〇〜一二月に早生《わせ》の品種、一二〜一月に中生《なかて》、一〜三月に晩生《おくて》の品種が出まわります。それに加えて、ハウス栽培のものが加わります。

近年、温州ミカンは、日本ばかりでなく、「皮が剝きやすくタネがないという食べやすさと、その味わい」で、外国でも人気が高まっており、「MIKAN（ミカン）」は、国際共通語になりつつあります。

カナダやアメリカでは、皮が剝きやすいので、「テレビを見ながらでも食べられる」という意味で「TVフルーツ」とか「TVオレンジ」ともよばれます。国際宇宙ステーションに滞在する宇宙飛行士に届けられたのも、これらの背景があったと考えられます。

温州ミカンは、二〇一八年に、国際宇宙ステーションに運ばれたことで、話題になりましたが、その前の年、二〇一七年一一月にも、話題になりました。あるミカン産地が行ったキャンペーンに基づくものでした。

愛媛県の南西部に位置し、九州に向かって伸びる半島の全域と、その半島の根元にあたる地域は、「西宇和《にしうわ》」とよばれるミカン産地です。そこの西宇和農業協同組合が、漢字の読み方を問うクイズキャンペーンを行ったのです。その漢字は、「瓤囊」というミカンの部位の名前でした。さて、何と読むのでしょうか。

そのイベントの賞品が、西宇和産の最高級のミカンが一二個入った、一箱が約一〇万円というものでした。クイズは漢字の読み方なので、読めなければ、なかなか調べ方もわからないものでした。

クイズの出題前に、東大生と愛媛県民のどれくらいの方が読めるかが調べられたようです。正答率が東大生で〇パーセント、愛媛県民で五・七パーセントと発表されていました。東大生より、愛媛県民の方に、よく知られている漢字のようです。

ミカンはごく身近な果物ですが、一個のミカンについて、その部位の名前がよく知られているものではありません。黄色い色のついた皮の部分は、「フラベト」とよばれ、果実の一番外の皮である「外果皮」に当たります。その内側にある白い海綿状の部分は、「アラベト」といわれ、外果皮に対し「内果皮」といわれます。

クイズキャンペーンで出題された「瓤囊」は、「じょうのう」と読まれます。これは、ミカンの皮を剝いたときに出てくる半月状の小袋のまわりにあって、果肉を包み込んでいる薄い半透明の皮のことです。包まれた果肉の部分は、「砂瓤」と書かれ、「さじょう」と読まれます。

瓤囊には、多くの食物繊維と栄養素が豊富に含まれています。そのため、ミカンを食べるときには、瓤囊を剝かずに、そのまま食べた方が、健康のためには良いといわれます。

ミカンを食べるときには、漢字を思い出してください。読むのも大変な感じですが、書くことはもっとむずかしい漢字です。

†人間の健康を守る〝温州ミカンの力〟

温州ミカンが国際宇宙ステーションに運ばれた理由には、このミカンに、「皮が剝きやすくタネがないという食べやすさと、その味わい」がありました。また、この果物が宇宙飛行士の健康を守ることに貢献する点も、期待されていたはずです。

この果物には、私たちの健康を守るための糖分や、ビタミン、ミネラルが含まれています。そればかりでなく、特に、「β《ベータ》‐クリプトキサンチン」という、抗酸化力の強い物質が含まれています。

二〇〇五年に、農林水産省の研究機関「農研機構」から、「ミカンをよく食べる人では、肝機能障害のリスクが低い」という研究結果が発表されました。それによって、この物質は肝臓の機能を守る効果をもつことが話題となりました。

健康診断などで血液検査を受けるとき、ビールや日本酒、ワインなどのアルコール類を毎日多く飲む人にとって、気になる検査項目の一つに「γ《ガンマ》‐GTP」があります。これは、肝臓機能の障害を示す指標になるものです。五五（単位は、IU／リットル）以下の数字が正常とされます。個人差がありますが、アルコール類の飲み過ぎが続くと、この数値が上昇します。

農研機構の発表では、「お酒をまったく飲まないと約三〇という数値が、毎日一本の大瓶のビールを飲んでいると、五〇〜六〇の値に上がる」と報告されています。ところが、「毎日、一本の大瓶のビールを飲んでいても、一週間に二〜三個の温州ミカンを食べていると、この値が四〇〜五〇にとどまり、一日に二〜三個の温州ミカンを食べていると、この値が約三〇のままに保たれる」というのです。これが、β－クリプトキサンチンの効果です。

β－クリプトキサンチンは黄色い色素であり、ミカンには、カロテンという黄色の抗酸化物質も含まれています。ですから、ミカンは健康に良いということになります。一方、この果物では、「袋や白い筋は食べた方が良い」といわれます。袋や白い筋は、黄色くありませんから、β－クリプトキサンチンやカロテンが含まれていることは期待できません。

でも、白い筋は、葉っぱでつくられた栄養分が果実の中に運ばれる通路なのですから、そこに栄養が含まれていると考えられます。白い筋には、糖分やビタミン、ミネラルなどの栄養だけではなく、抗酸化作用のあるポリフェノールの一種である「ヘスペリジン」という物質が含まれているのです。

昔から、「ミカンの皮は、風邪の薬」といわれました。その皮や袋に多く存在する物質が、ヘスペリジンと考えられています。近年、この物質は、中性脂肪を分解したり、血圧を抑えたり、血管を丈夫にする作用があるといわれ、私たちの健康を維持する働きが注目されています。

†ミカンについて、子どもの質問

二〇一八年の秋に、あるテレビ番組で、「ミカンの中の小袋の個数は、皮を剥かなくてもわかる」といわれたようです。「どうすればいいのか」も、番組の中で説明されたようです。多くの人がその通りにやってみると、果実の中の小袋の個数が皮を剝く前に予想したものと、ほんとうに一致していたのです。

その方法とは、丸いミカンの上部にポツンと出ている緑色のヘタをはがすことです。すると、そこにくぼみができ、その中に、細長い線状の穴が放射状に丸く並んでいます。その穴の個数が、実の中の小袋の個数と一致するのです。

番組では、方法について説明されたようですが、その理由については触れられなかったようです。そこで、「なぜ、一致するのか」と、子どもたちを含め、多くの人々に不思議に思われ、話題になりました。

くぼみの中で放射状に丸く並んでいる穴は、「維管束《いかんそく》」とよばれるものの断面です。維管束というのは、根で吸収された水やミネラルが運ばれる通路であり、また、葉っぱでつくられた栄養分が果実の中に運ばれる通路です。

一本の維管束が一個の小袋につながっているので、維管束の本数が小袋の個数に一致するのです。ミカンの上部からここを通って、果実の中に入った維管束は、白い筋となります。そのため、白い筋には、栄養が豊富に含まれています。「白い筋は食べた方が良い」といわれるのは、これらが理由です。

温州ミカンがよく食べられる冬に、よく話題になる疑問があります。お正月などに、温州ミカンを多く食べると、指や手のひら、足の裏などが黄色になることです。皮を剝くときに黄色い色素が付着したのではないかと、指や手のひらをよく洗ってみても、黄色は消えません。「食べ過ぎの病気ではないだろうか」との疑問が湧き、心配されます。

これは、「柑皮症《かんぴしょう》」とよばれる症状ですが、多くの場合、病気ではありません。この症状は、ミカンに含まれている「カロテノイド」という黄色い色素が皮膚にたまることが原因です。カロテノイドは、いくつかの物質の総称です。ミカンに含まれるカロテンやβ－クリプトキサンチンなどがその代表的な物質です。

温州ミカンを多く食べると、これらの色素が皮膚の中にたまってくるのです。皮膚の中にたまったものであり、手や足の表面の皮膚に色素が付着しているわけではありません。ですから、いくらきれいに手や足を洗っても消えることはありません。食べ過ぎをやめれば、皮膚の黄色さは自然に消えていきます。

温州ミカン以外でも、ニンジンやトマト、カボチャなどには、カロテンやリコペン、キサントフィルなど、カロテノイドの仲間の色素が含まれています。ですから、これらを食べ過ぎても、柑皮症がおこる可能性はあります。でも、皮膚が黄色くなるほど多く、これらの野菜が食べられることは、ほとんどありません。

†ハクサイに見られる黒い斑点は？

冬の鍋料理のときに使うのは、ハクサイの大きな葉っぱです。葉っぱには、白く太い「葉脈」とよばれる筋が、左右対称に広がっています。その対称軸になるように、白く幅広い部分があります。そこに、黒い斑点《はんてん》が見つかることがあります。「カビが生えているのか」とか「虫がかじったあとなのか」、あるいは、「虫の糞《ふん》なのか」と気持ち悪がられます。

ハクサイはアブラナ科の野菜で、原産地は地中海沿岸地方とされますが、古くから栽培されている中国が原産地といわれることもあります。そのため、英語名は、「チャイニーズ・キャベッジ」で、「中国生まれのキャベツ」という意味です。

この野菜は、中国や韓国などでは、煮物、漬物の素材として、重用されます。また、ニンニクやトウガラシなどといっしょに漬け込むキムチには欠かせぬ素材です。日本には、明治初期に中国を経由して渡来しました。

この野菜で話題になるのは、冒頭で紹介したように、白く幅広い部分に見られる黒い斑点です。見かけが悪いので嫌われますが、黒い斑点は、カビでも虫がかじったあとでもないし、虫の糞でもありません。

あのゴマのような黒い斑点が現れる現象は、病気の症状の「症」という字をつけて、「ゴマ症」とよばれることがあります。でも、病気ではありません。ただの黒い斑点です。ハクサイを生産する人にとっては、ハクサイの商品価値が下がるので悩みのタネです。

そこで、その正体を知るために、「どうしたらおこるのか」とか、「どうしたらおこらないのか」という実験や研究が行われてきています。

その結果、いろいろな原因がいわれています。たとえば、成長しすぎて、収穫が遅れると出てくる傾向があります。また、窒素《ちっそ》肥料のやりすぎで出てくるという報告もあります。また、急に暖かい温度などのストレスを感じた場合に出てくるのではないかとも考えられています。

このように、ハクサイに何らかのストレスがかかったときに、斑点が現れる傾向は確認されています。でも残念ながら、これといった一つの原因ででてくるものではないようです。そのため、やむを得ず、そのままで販売されています。もちろん害があるものでもないからです。

黒い斑点の正体は、ポリフェノールという物質が空気中の酸素と反応して、黒くなったものです。ポリフェノールは、有害な活性酸素を取り除く働きがあるもので、多くの物質の総称です。たとえば、お茶のカテキン、ダイズのイソフラボン、ブドウのアントシアニンなどです。

ハクサイの黒い斑点は、クロロゲン酸という物質がもとになっています。この物質は、コーヒーの苦みの成分としてよく知られています。また、野菜では、ゴボウを切っておくと切り口が黒くなってくるのは、近年、このクロロゲン酸のためであることがわかっています。そのクロロゲン酸が、ハクサイの黒い斑点の正体といわれています。

「ということは、食べても大丈夫なのか」という疑問がおこります。その答えは、「はい、大丈夫です」となります。ただ、ポリフェノールは健康に良い物質だからといって、それを食べても、小さな斑点ですから、健康に貢献することは期待できません。

でも、害もありませんので、黒い斑点をわざわざ避けて食べるというような気を使う必要はありません。ポリフェノールは、からだに良くないストレスがかかることが原因でつくられてくると考えられる物質です。

ですから、黒い斑点があるからといってあまり敬遠せずに、ハクサイがストレスと戦いながら、頑張って生きている証《あかし》と思って食べればいいのでしょう。

†鍋料理の締めは？

ハクサイは、カロリーが低いのでダイエットにも利用されます。ハクサイには、ビタミン、ミネラルが多く含まれています。特に、カリウムを多く含むため、利尿効果があり、塩分も排出するので、高血圧を予防する効果が期待されます。

特定の成分として、イソチオシアネート、カロテン、ルテインなどの抗酸化物質が含まれているので、健康に良いといわれます。また、ハクサイは、多くの野菜の中で、レタスとともに免疫《めんえき》力を高める野菜として知られています。白血球の働きを促し、免疫細胞を活性化します。

近年は、外側の葉っぱは緑色ですが、内部の葉っぱがきれいなオレンジ色の品種、「オレンジクイン」というハクサイもつくられています。これには、トマトの赤い色素リコペンの仲間（シスリコペン）が含まれているので、白いものより健康に良いといわれています。

ハクサイにいろいろな栄養が含まれていることがわかると、「それらの栄養は、料理の最中に溶けだしてしまうのではないか」と心配されます。この心配は当たっており、栄養が溶けだしてしまうことはあります。

特に、鍋料理には多くのハクサイが使われ、おいしくたくさんのハクサイを食べることができます。でも、栄養が鍋の残り汁の中に溶けだしてしまっているとしたら、「もったいない」との思いが浮かんできます。

昔から、そのように思われてきたのでしょう。そのような思いを解消する方法が工夫されています。鍋料理の締めには、雑炊がつくられることです。これで、鍋料理で溶けだしたハクサイの栄養も回収できるのです。

「鍋料理の締めは、雑炊」というのは、食材植物がもつ栄養物を無駄にせずに最後までいただくという気持ちから生まれた姿なのでしょう。これは、他の食材植物を食べるときにも見られます。

たとえば、ソバです。ソバの果実には、私たちに必要なアミノ酸を豊富に含む良質のタンパク質や、不足しがちなビタミンB群が多く含まれています。また、鉄分やマグネシウムなどのミネラルも、精白米やコムギに比べて多く含まれています。

また、ポリフェノールの一種である抗酸化物質の「ルチン」が、ソバの果実には含まれています。ルチンは、毛細《もうさい》血管のしなやかさを保つといわれています。ですから、ソバの果実には、健康に良い栄養が多く含まれているのです。

ところが、そのことがわかっても、ソバの果実から麺がつくられると、蕎麦《そば》はゆでられます。ゆでるときには、ルチンをはじめ、水に溶けるビタミンB群などは、お湯の中に流れ出てしまいます。そのため、「ゆでたあとで食べる蕎麦には、多くの栄養が含まれていないのではないか」と心配になります。

そこで、昔の人は、蕎麦をゆでた「蕎麦湯」をきちんと飲んでいました。昔の人々が、蕎麦湯の中に、ルチンやビタミンB群などが含まれることや、それらが健康を保つための働きをもつことを知っていたわけではないでしょう。にもかかわらず、蕎麦湯を飲む習慣が受け継がれてきているのです。

「蕎麦湯を飲む」というのも、「鍋料理の締めは、雑炊」と同じく、昔の人々が身につけていた、「食材植物がもっている栄養になるものを無駄にしない」という姿勢から生まれた、生活の知恵です。

†なぜ、イチゴは、タネから栽培しないのか？

「なぜ、イチゴは、タネから栽培しないのか」という質問を受けたことがあります。たしかに、イチゴはタネから栽培しません。ですから、この質問には、「タネから栽培すると、どのような不都合なことがあるのか」、「タネで栽培をはじめないのなら、どのように栽培するのか」、「イチゴのタネは、役に立たないのか」の順に説明しなければなりません。

イチゴのタネは、「食べているイチゴの表面にあるツブツブである」といっても差し支えないのですが、あのツブツブは、植物学的にきちんとした言葉では、「果実」になります。ふつうには、「実」という言葉を使います。

リンゴでもサクランボでも、タネは、実の中にあります。ですから、イチゴでも、タネは、実の中にあるものです。イチゴでは、あの小さなツブツブが実ですから、ツブツブの薄い皮をめくれば、その中に、タネがあります。

「あのツブツブが実なら、食べているおいしい部分は、何か」との疑問がもたれます。食べているのは、「花托《かたく》」、あるいは、「花床《かしょう》」とよばれる部分です。ふつうの植物の実では、メシベの下の方にある子房とよばれる部分が膨《ふく》らんだものや、子房のまわりが膨らんだものが食べられます。

ところが、イチゴでは花を支えていた部分が膨らんで肥大しているのです。私たちは、その肥大した部分を食べています。花を支えていた部分が肥大しているのですから、花のときにはその上にあって支えられていたメシベの子房が、果実となって、肥大した表面にあるのです。

ツブツブの中に、タネがあるということなら、「あのツブツブをまいたら、芽は出るのか」との疑問が浮かびます。もちろん、芽は出ます。ただ、イチゴの実際の栽培では、タネから発芽させた芽生えを使うことはありません。

「タネから栽培すると、どのような不都合なことがあるのか」との疑問がおこります。タネは、メシベに花粉がついてできます。だから、タネの中には、メシベをつくった株の性質と、花粉をつくった株の両方の性質がまじっています。そのため、タネから栽培すると、親と同じイチゴは実りません。実の色や形、大きさや味、香りなどが、親と変わってしまうのです。

たとえば、「あまおう」という、福岡県で生まれた有名なイチゴの品種があります。そのイチゴのツブツブをまいても、「あまおう」というイチゴはできません。実の色や形、大きさや味、香りなどが、親と変わってしまいます。それでは困るので、タネでは育てないのです。

「タネで栽培をはじめないのなら、どのように栽培するのか」との疑問が続きます。イチゴの苗を育てるのには、独特の方法があるのです。イチゴが栽培されているところを見ると、イチゴの根もと付近から横向けに茎のようなものが伸びてきます。「ランナー」というものです。日本語では、この茎は、「地面を這《は》うように伸びていく」という意味で、「ほふく茎《けい》」とか、「ほふく枝《し》」とよばれます。

イチゴのランナー。上下のプランターの苗をつなぐ細い部分のこと

「匍匐《ほふく》」というのは、「地面を這う」ことです。その先に芽ができ、根が生えてきます。その芽と根をつけたものを、苗にするのです。その苗を育てると、また、その苗からランナーが伸びて、芽ができ、根が生えてきます。この方法で、株の本数をどんどんと増やしていくことができるのです。

イチゴでは、タネで栽培をはじめず、ランナーで株を増やして栽培していくということなら、「イチゴのタネは、何の役にも立たないのか」との疑問が続きます。イチゴのタネは、株をつくるのには使われませんが、大切な役割があります。

もしもイチゴの果実にタネができなければ、イチゴの食べる部分である果肉は大きく肥大しません。たとえば、栽培しているイチゴの果肉が大きくなりだしたら、ピンセットで、全部のタネを取ってみてください。タネを取るということは、ツブツブの中にタネがあるのですから、ツブツブを取り去るということです。

イチゴの果肉は、大きく肥大してきません。タネから、イチゴの実を大きくする物質が出ているからです。その物質の名前は、「オーキシン」といいます。タネからはオーキシンが果肉に送られているのです。果肉からは、タネに栄養が送られています。そのために、イチゴのタネと食べる部分はつながっています。イチゴの実を切断してみたら、白い筋が見えます。それがつながっている証です。

第四章

春に話題の植物

ビワ

春の訪れを告げる「春告鳥」は、ウグイスとされます。「春告魚」は、一昔前は、ニシンだったのですが、近年、この魚の漁獲量が激減したことにより、春告魚は変化してきました。関東地方ではメバルとされ、関西ではサワラがその名前で呼ばれつつあります。本章では、「春を告げる野菜」を紹介します。

また、毎年、春に誤食で話題となる二つの植物を紹介し、最後に、子どもたちからの果物についての質問に答えます。

†「春を告げる野菜」とは?

春の訪れを告げる野菜といえば、ナノハナ（菜の花）が思い浮かぶでしょうか。フキノトウ、タラノメ、ゼンマイなどの山菜が思い浮かぶこともあります。近年は、もっと野菜らしい野菜であるゴボウが、「春を告げる野菜」といわれることがあります。

そのゴボウは、「葉ゴボウ」です。特に、大阪府八尾市の特産品として栽培される「若ゴボウ」が知られてきており、話題となります。収穫期が二月や三月であり、本格的な春の訪れの先駆けとなります。

これは、根が短く、大きな葉っぱと、それを支える長い柄《え》を特徴としたゴボウです。二

葉ゴボウ

〇一三年、このゴボウは、「八尾市若ゴボウ」という名前で、地域団体商標登録がなされました。これは、地域名とその地域の特産の商品名を組み合わせたものです。

　このゴボウは、根だけでなく、葉っぱも柄も食べられるという野菜です。食物繊維や鉄分、カルシウムが多く含まれます。特に、抗酸化物質である「ルチン」が多く含まれることも、このゴボウの栄養的な特徴です。ルチンは、ソバやアスパラガスに多く含まれています。この物質は、血管を強くし、血流の流れを良くして高血圧や動脈硬化のリスクを低下させるといわれます。

　ゴボウはキク科の植物で、原産地はヨーロッパから中国にかけての地域です。英語名は、

「バードック」であり、ヨーロッパでは、ハーブとして栽培され、食材植物としては扱われません。

この植物の学名は、「アルクティウム　ラッパ」です。「アルクティウム」は、クマ（熊）を意味するギリシャ語の「アルクトッス」にちなみます。ゴボウの果実には、多くのトゲがあり、その姿がクマの毛皮に似ているからといわれます。また、「ラッパ」は、ラテン語でゴボウを指します。

日本には、平安時代に中国から薬草として伝わりました。この植物は、その後、日本で食用として栽培される品種が育成され、野菜として栽培されてきました。そのタネは「悪実《あくみ》」といわれ、漢方では、消炎や解毒などの効果があるとされます。

漢字では、「牛蒡」と書かれます。「蒡」は、ゴボウに似た草の名前に使われていたといわれます。「牛」は大きな草や木に冠せられる文字であるため、「大きな蒡」が「牛蒡」の意味になります。

ゴボウの根には、セルロースやリグニンが多く含まれています。これらは、代表的な食物繊維《しょくもっせんい》であり、胃や腸で吸収されずに腸内で水を吸って移動し、腸内の不用な物質を便として排出する働きがあります。そのため、腸をきれいにするので、「腸の掃除屋」という呼び名があります。

ゴボウは、いかにも和食らしい食材で、お正月のお煮しめやおせち料理のたたきゴボウなどに使われる縁起の良い野菜です。ゴボウの根は、長くしっかりと地中に伸びています。そのため、これらの料理には、「家庭の基礎が、このように堅固なものであってほしい」との願いが込められているといわれます。

お正月の「祝い肴《ざかな》三種」といわれるものは、関東地方では、黒豆と数の子、ごまめ（田作り）とされます。それに対し、関西地方では、黒豆と数の子は関東地方と共通ですが、もう一つは、ごまめではなく、たたきゴボウです。

たたきゴボウは、ゴボウをやわらかく煮たあとにたたくので「たたきゴボウ」です。たいて、ゴボウの根を開くようにするので、「開きゴボウ」ともよばれます。この「開く」が、運を開くに通じるので、運がいいということになり、お正月にふさわしいのです。

ただ、ゴボウを野菜として食べるのは、日本人だけといわれます。近年は、台湾や中国でも野菜として食べられるようですが、外国人にこの野菜の料理をごちそうするときは注意しなければなりません。

第二次世界大戦中に、「捕虜《ほりよ》が、野菜不足になってはいけない」と思い、アメリカ人の捕虜に食事でこの野菜を食べさせました。戦後、「日本人は、捕虜に〝木の根〟を食べさせて虐待した」と誤解され、訴えられたといわれます。

このように、ゴボウは、古くから、私たちの生活の中に息づいてきました。近年、根よりは、葉っぱや柄が食べられるという新しい品種が加わって、ますます大切な食材植物となってきています。

†ゴボウの〝アク抜き〟は必要か？

私たちがゴボウを食べるときには、えぐみや苦み、渋みなどの成分を取り去る「灰汁《アク》抜き」をしなければなりません。ということは、ゴボウは全体にアクを多く含むのです。このアクが、虫に食べられることから、ゴボウのからだを守っています。ですから、アク抜きをしたあと、食べるときには、伸びていく先端のほうが新鮮でやわらかくておいしいのです。

ゴボウは、「アク抜きした方が良い」といわれ、水にさらされたりしてきました。ところが、近年は、「アク抜きをわざわざしつこくする必要はない」といわれます。アクの主な成分が、クロロゲン酸という抗酸化物質とわかってきたからです。

ゴボウの花

この物質は、コーヒーに含まれる苦み成分です。ですから、コーヒーではわざわざこれを味わうのですから、ゴボウからもアク抜きする必要はないということになります。

ただ、アク抜きが必要か必要でないかは、品種によります。切り口などが短時間に真っ黒になるような品種や、あく抜きをしないと苦みが強すぎるような品種は、アク抜きをした方がいいでしょう。

ゴボウの栄養は皮の付近にありますから、皮を剝《む》いて食べるのは、いい食べ方とはいえません。たわしで皮をそぐ程度の方がよいと思われます。ゴボウの中心部の芯付近は、硬く、栄養分は少なくなります。

家庭菜園で栽培されることが少ない野菜な

ので、花が見られることは稀《まれ》な植物です。花を見る機会があれば、小さな花が集まって、一つの花のように見せるという特徴があるので、キク科の仲間であると納得できます。ゴボウの花は、アザミの花に似ています。

小さな花が集まって一つの花に見えているのは、「頭花《とうか》」あるいは「頭状花《とうじょうか》」といわれます。頭状花を咲かせるのは、キク科の植物の特徴の一つです。ふつうには、それらの花をわざわざ頭状花といわず、ただ「花」といいます。

ゴボウもアザミもキク科の植物なので、小さい花がたくさん集まって大きく見える「頭状花」を咲かせます。キク科の植物の頭状花には、三つの種類があります。

一つは、タンポポの花がその代表です。花びらの形が舌のように見える舌状花《ぜつじょうか》とよばれる花だけでできているものです。セイヨウタンポポの花は、約二〇〇個の舌状花でできています。多くの花びらが集まっているように見えます。

二つ目が、舌状花と筒状花《とうじょうか》(管状花《かんじょうか》)でできているもので、花のまわりに舌状花が花びらを広げているコスモスやヒマワリの花です。花の中央には多くのオシベがあるような印象を受けますが、注意深く見ると、小さな筒のようなものが集まっています。この一つが、筒状に見えるので、「筒状花」といわれたり、管のように見えるので、「管状花」とよばれたりします。筒状花というと、頭状花と混乱するので、あえて、筒状花《つつじょうか》といわれることもあります。

三つ目が、筒状花だけでできているものです。筒状花だけですから、花びらのように見えるものはありません。ゴボウやアザミ、フキの花がこのタイプです。

†誤食で話題となる「食べる薬」とは？

この植物は、日本でも、古代から栽培されています。滋養強壮《じようきようそう》の効果があり、血行を促進し、胃腸の調子を整えるので、「食べる薬」といわれます。中国の西部を原産地とする植物です。この植物は、以前は、ユリ科とされていましたが、近年は、ヒガンバナ科になっています。

この植物の学名は、「アリウム　ツベロスム」です。「アリウム」は、ネギ属であることを示し、「ツベロスム」は、「塊茎《かいけい》のある」や「塊形状の」を意味しています。ですから、学名は、「塊茎のあるネギ属の植物」という意味です。

その通りに、この植物には塊茎があります。そのため、地上部の葉っぱを収穫しても、塊茎を土の中に残しておくと、何度も収穫することができます。家庭菜園などで栽培していると、一年に五〜七回収穫できるといわれたりします。
これは、漢字では、「韮」と書きます。英語名は、「チャイニーズ・チャイブ」といわれます。「チャイニーズ」は、「中国の」という意味で、「チャイブ」は、シベリアから地中海沿岸地方を原産地とする植物で、日本では、「エゾネギ」とよばれます。さてこの植物は、何でしょうか。

この植物は、ニラです。ニラの葉っぱには「臭い」と表現される独特の香りがあります。翌日に仕事がある場合、匂いが残るのを嫌って避けられ、ニンニクと並んで、週末によく食べられます。そのため、この野菜は、「ウイークエンド・ヴェジタブル（週末野菜）」といわれることもあります。

この香りは、アリシンという物質によるものです。ニンニクに含まれているにおいの成分と同じものです。ですから、ニラには、ニンニクと同じく、ビタミンB_1の吸収を促進する働きがあり、疲労回復や滋養強壮に効果があります。

豚や牛、鶏のレバーには、ビタミンB_1が豊富に含まれています。そのため、ニラとレバーとの組み合わせが好まれ、ニラレバ炒め、あるいは、レバニラ炒めとなって食べられます。お互いが働きを高めて、疲労の回復に役立つと考えられます。

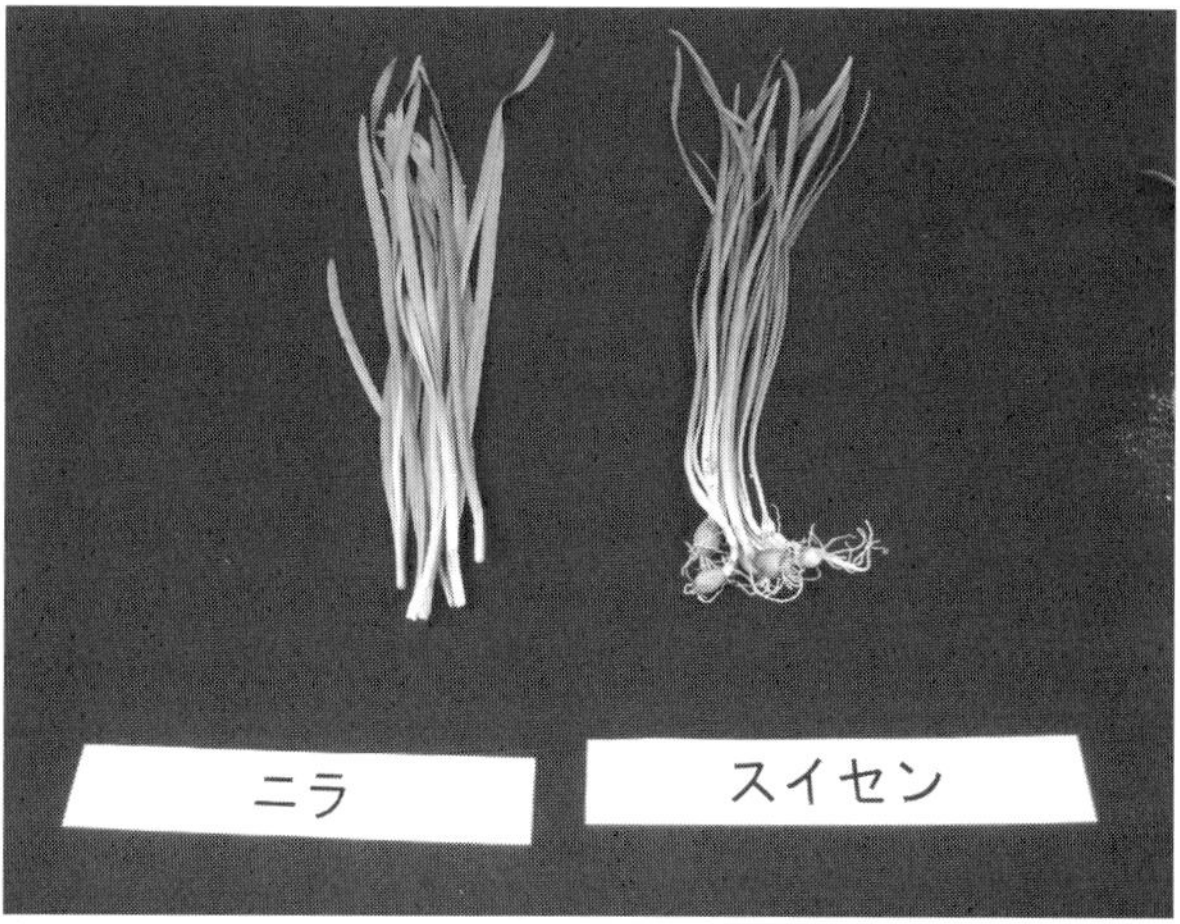

食用と有毒、二つの植物はとてもよく似ている（写真提供：共同通信社）

この植物は、毎年、春に、食中毒で大きな話題になります。ニラ自身は悪くないのですが、よく似た植物が有毒な物質をもっており、この植物と誤って食べられて、食中毒事件がおこるのです。その植物は、スイセンです。

二〇一九年の春にも、三重県、山形県、福井県などで、ニラと間違えて、スイセンの葉っぱが食べられ、吐き気や嘔吐《おうと》などを伴う食中毒事件がおこりました。これらの多くは、自宅で栽培していたニラにスイセンがまじってしまったものです。秋田県の場合は、スーパーマーケットで、ニラとしてスイセンが販売されてしまったものでした。

スイセンは、春に葉っぱを伸ばします。また、ニラの春の葉っぱはやわらかくておいしいものです。二つの植物の葉っぱは、その色や姿がよく似ています。ところが、スイセンの葉っぱには、ヒガンバナと同じ「リコリン」という有毒な物質が含まれています。

スイセンには、ニラのような「臭い」といわれるような香りがありません。ですから、「ニラと間違ってスイセンを食べることはないだろう」と思われます。ところが、畑に、ニラとスイセンが混植されていると、ニラとスイセンの葉っぱがまじって収穫されることがあるのです。ニラとスイセンは、畑で混植されることのないように注意しなければなりません。

†春の訪れを告げる〝幻の王様〟とは?

毎年、春に食中毒事件で話題になる食材植物は二つあります。一つがニラで、もう一つが〝幻の王様〟といわれる植物です。それは、東北地方の春の山菜として人気のある、ギョウジャニンニクです。

ギョウジャニンニクはヒガンバナ科の植物で、原産地はヨーロッパや北アメリカといわれます。でも、北海道に自生しているものもあり、原産地は、日本を含む東アジアと考え

間違って食べられる二つの植物。地面から出る葉っぱの形がよく似ている（写真提供：共同通信社）

られることもあります。

この植物は、生育速度が遅く、タネがまかれてから収穫できるまでの期間が五〜七年と長いので、希少な山菜となります。球根は、直径が三〜五センチメートルの球形で、茶色の外皮に包まれています。

春に地面に葉っぱが出てきて、食用になります。ギョウジャニンニクには、食中毒をおこすような有毒物質は含まれていません。ところが、これと間違って食べられる植物があるのです。ギョウジャニンニクと間違われて、食中毒の原因になるのは、イヌサフランという植物です。

これはイヌサフラン科の植物で、学名は「コルヒクム　オータムナーレ」です。「コルヒクム」はこの植物の原産地にある古い都市の名前「コルキス」に由来し、「オータムナーレ」は「秋咲き」を意味します。この植物には、「コルヒチン」という有毒物質が含まれます。この名前は、この植物の属名である「コルヒクム」にちなんでいます。

コルヒチンをもつイヌサフランは、春に地面に葉っぱを出し、その葉っぱの形や大きさが、ギョウジャニンニクの葉っぱとよく似ています。そのため、間違って採取され、食べられてしまうのです。

春には、ニラと間違うスイセンと、ギョウジャニンニクと間違うイヌサフランの誤食が話題になります。この二つのうち、イヌサフランの毒性は強いです。スイセンの食中毒の場合、吐き気や嘔吐などの症状で留まることが多いのですが、イヌサフランでは、死に至ることがあります。

たとえば、二〇一九年四月、群馬県で、知人宅に自生していたイヌサフランをギョウジャニンニクと誤認し、夫婦で炒め物にして食べるという食中毒事件がありました。このときには、夫が意識不明の重体のあと亡くなっています。

このほかにも、ギョウジャニンニクと間違ってイヌサフランを食べて、二〇一八年の四月には、北海道で男性が死亡しており、二〇一八年の七月には、同じく北海道で八〇代の女性が死亡しています。

ギョウジャニンニク以外のものと間違って、イヌサフランを食べてしまうという食中毒事件も起こっています。二〇一三年夏、札幌市で六〇歳代の女性が、家の庭に生えていたイヌサフランを、ミョウガと間違って食べてしまいました。女性は、腹痛や嘔吐などの食中毒の症状を訴え、病院に搬送されました。

二〇一三年、このミョウガとの誤食事件がおこるより少し前にも、「石川県で、この植物をジャガイモと間違って食べて食中毒事件がおこった」と報じられています。この植物の球根を切ると、内部が白く、ジャガイモとよく似ていたので、間違えられたといわれます。

「なぜ、このような有毒な物質をもつ植物が身近にあるのか」との疑問があります。このイヌサフランというのは、花がきれいな園芸植物なのです。「コルチカム」という名前で、園芸店などで、球根が売られています。「コルチカム」は、この植物の属名「コルヒクム」にちなんでいます。

コルヒチンは、有毒な物質なのですが、薬として利用されています。痛風という病気があります。この病気では、血液中の尿酸の量が増え、多くの場合、足の親指の付け根が赤く腫《は》れあがってきて、ひどい痛みを伴います。「風が患部に当たるだけで、痛みが走る」といわれるところから、「痛風」といわれます。

昔、この病気は、お酒を飲みながら肉料理などを多く食べるとかかるといわれ、「ぜいたく病」などとよばれて、うらやましがられることもありました。しかし、現在では、「ただの飲み過ぎ、食べ過ぎ」が原因で発症するとされています。

この病気の特効薬が、「コルヒチン」なのです。ただ、特効薬といわれますが、即効薬ではありませんので、痛風になってしまうと、これで痛みがすぐに消えるというものでもありません。でも、コルヒチンは、「毒変じて薬となる」の代表的な一つの例です。

†ビワについての子どもの質問

ビワの木は、果樹園だけでなく、意外と多くの家の庭などで栽培されていることがあります。本格的な冬の訪れを直前にした一一月頃に、花が咲きます。ビワはウメやサクラと同じバラ科の植物なので、その花はウメやサクラと同じように、五枚の花びらと、中心部に多くのオシベをもっています。

寒い冬がまじかに迫っている時期に花が咲くために、虫の数は多くありません。それでも、ミツバチなどに花粉を運んでもらえば、実ができます。できた実は、春から初夏にかけて大きく成長し、六月頃には、おいしい果物となり、私たちを喜ばせてくれます。

ビワは、あざやかなオレンジ色の果肉が印象的な果物を実らせます。「ビワ」という名前は、実の形、あるいは葉の形が、日本古来の楽器、琵琶《びわ》に似ているからといわれます。日本では、奈良時代にはすでに栽培されていたようです。

その果実の姿と実のなり方には、特徴があります。それがこの植物の学名の由来となっています。学名は、「エリオボトリア　ヤポニカ」です。「ヤポニカ」は「日本生まれの」という意味です。そのため、この果物は、いかにも日本生まれのようですが、原産地は中国とされています。

「エリオボトリア」の「エリオ」は「やわらかい毛」を意味し、「ボトリア」は、「ブドウのように房状になる」という意味です。ですから、学名は、「やわらかい毛に包まれた実がブドウのように房状になる、日本生まれの植物」ということになります。

果肉のあざやかなオレンジ色はカロテノイドという色素によるものであり、抗酸化物質のカロテンやβ《ベータ》ークリプトキサンチンなどが主な成分です。そのため、老化を防止し、疲労を回復することなどに有効に働くことが期待されます。ビタミンやミネラルも豊富に含まれており、健康に良い果物なのです。

ビワの実の果肉はおいしく食べられます。でも、実の表面にある果皮には、細かい毛があり、食べてもおいしくありません。ビワの木に茂る葉っぱも大きく、ごつごつしており、食べようと思いませんが、食べたらおいしくないでしょう。

このことが、子どもたちには不思議に感じられるようです。「なぜ、果実の果肉はおいしいのに、皮や葉っぱはおいしくないのか」と質問されたことがあります。この疑問は、多くの果物について当てはまるものですが、ビワで考えましょう。

ビワの果肉は、おいしくなければなりません。なぜなら、動物に食べてもらわなければならないからです。「なぜ、食べてもらうのか」との疑問があるかもわかりません。それは、ビワが生育する範囲を広げようとしているためです。

動物がビワの果実を食べてくれると、タネが飛び散ります。また、果実を食べるときに、タネごと飲み込んでくれたら、どこかに糞《ふん》と一緒にまき散らしてくれます。すると、ビワは自分が動きまわることなく、新しい生育地を獲得し、生きる範囲を広げることができるからです。

ビワの果肉がおいしいのに対し、ビワの果実の皮はおいしくありません。おいしくなくてもいいからです。皮の役割は、果実の中身を守るためです。もし、皮がなかったらと考えてください。

果肉のおいしい果汁がボトボトとこぼれ落ちます。また、太陽の強い光で果肉が乾燥して動物においしく食べてもらうような実にはなりません。おいしい果肉にカビが生えることもあるでしょう。また、まずい皮がなければ、虫がおいしい果肉をたやすく食べてしまうでしょう。だから、皮はおいしくなくていいのです。

私たちが、皮を剝かずに、皮ごとおいしく食べられる果物もあります。それは、人間が自分たちの食べ物として、品種を改良して、皮ごと食べてもおいしい果物の品種をつくっているのです。たとえば、近年では、ブドウのシャインマスカットなどです。

ビワの果肉はおいしく、皮はおいしい必要がないのに対し、葉っぱは、まずくなければいけません。なぜなら、葉っぱがおいしいと、食べられてしまうからです。葉っぱは、食べられてはいけないのです。

葉っぱの役割は、果実の中に入る栄養をつくることです。ですから、葉っぱが食べられると、ビワはおいしい果実をつくれません。果実をつくれないだけでなく、葉っぱが食べ尽くされたビワの木は枯れ死にます。これは、ビワに限られたことではなく、すべての植物に共通なことです。

でも、「葉っぱを食べている野菜などがあるではないか」という疑問が浮かびます。それは、人間がその葉っぱを食べるために栽培している植物だからです。人間は、植物たちの思いとは別の思惑で、植物を栽培しているのです。

あるいは、人間が、自然の中で育つ植物の中から食べられる葉っぱを見つけ、食べ方を工夫して、食べているのです。たとえば、食べられないために、アクなどの苦い成分を含んでいる葉っぱでも、人間は、アク抜きという処理をして、食べています。

ビワには、果実だけでなく、葉っぱにも、健康を保つのに効果のある成分が含まれています。そのため、昔から、ドクダミの葉っぱ、カキの葉っぱなどと同じように、お茶として飲まれることがあります。人間は、他の動物と違い、ビワの葉っぱを利用する術を身につけているのです。

ビワが、新聞やテレビなどで、ずいぶん話題になったことがあります。二〇〇四年、「タネなし」のビワが、千葉県農業総合研究センターでつくりだされたからです。世界で初めての「タネなしビワ」の誕生でした。

品種の名前は、「希房《きぼう》」とつけられました。生まれた土地である千葉県南房総地方の発展の希望を担うという意味を込めた「希」と、南房総地方の「房」で成り立っています。

二〇〇八年の春には、初めての「タネなしビワ」が市場に出ました。本来のタネのある部分は、「タネなしビワ」では、小さな空洞になっていました。果肉の厚さは、「タネありビワ」の約二倍でした。

現在、はじめて市販されてから、約一〇年が経過しています。タネなしビワの希房は「果汁が多く、肉質がやわらかく、おいしい」と評判です。タネのあるビワに比べて、高値であるにもかかわらず、人気があります。

ビワでは、果実の中に入っている大きなタネが特徴です。ビワを食べるときには、これが邪魔になり、もしこれがなかったら、果肉が厚くなるので、「もっとおいしく食べられるのに」と、長い間、このタネは不満のタネでした。

でも、とうとう、タネなしビワでは、その不満のタネが消えたのです。

第五章

おコメの戦国時代

イネとその花

近年、おコメでは、ものすごい数の新品種が開発されています。本章では、新しく開発されているおコメの品種を紹介します。新品種のおコメが、どのような性質をもっているのか、また、そのような品種が、どのような背景から生まれてくるのかに興味をもって読んでいただけたらと思います。

乱立する品種のネーミングは?

近年、全国のあちこちの都道府県から、おコメの新しい品種がデビューしています。日本の各地に新品種が次々と名乗りをあげる姿は、多くの戦国武将が各地に群雄割拠した戦国時代の様相を呈しています。そのため、「おコメの戦国時代」といわれます。

多くのおコメの品種が、激しい競争の時代を迎えているのです。二〇一八年、登録されている品種は、七九五品種になっています。二〇〇八年には、五二八品種であったものが、一〇年間に、二六七品種も増えたのです。

それらの品種の名前は、多くの人々の興味をひき、心に残るような工夫が凝らされています。魅力的な名前のものが多くありますが、私の独断と偏見で、いくつかの印象深いものを紹介します。

「青い空に突然現れ、鮮烈な印象を与える稲妻」は、「青天の霹靂《へきれき》」と表現されます。思いもかけない突発的な出来事がおこる意味に使われます。「霹」は、雷をおこす神である雷神を意味したり、雷が落ちることを表したりする漢字で、「靂」も、急に激しくなる雷を示す文字です。ですから、「青天の霹靂」は、おコメとは何の関係もない言葉です。

ところが、そのような印象をもたせるおコメとして、「青天の霹靂」が品種の名前になっています。青森県生まれの品種で、青天の「青」は、青森県の「青」であることも、青森県のおコメであることを印象づけるようになっています。

富山県では、県名の頭文字である「富」を三つ並べた「富富富《ふふふ》」という品種名が生まれています。三つの「富」は、富山県の豊かな「人」と「水」と「大地」を意味し、これらの三つに育てられたおコメという意味が込められています。このおコメを食べたら、おいしいので思わず「フフフ（富富富）」と、ほほ笑むという洒落た思いも含まれます。

山形県では、「雪若丸」という男の子を想像させるような名前の品種が生まれています。この県には、「つや姫」という品種がすでにデビューし、人気となっています。「一姫二太郎」を望む山形県が、「つや姫」を姉とし、新しいおコメがその弟として位置づけられ、名づけられたものが「雪若丸」です。

新潟県では、「新しい」の新、「新潟」の新にちなんで、「新之助」という新しい品種名が生まれています。この名前には、おコメの「芯」が強いという意味も込められており、「現代的な日本男児をイメージさせることも期待されている」ともいわれます。

福井県では、新しいおコメの品種の名称を募集しました。その結果、「日本一おいしく誉《ほま》れ高いおコメ」の意味を込めた名称が選ばれました。その品種名は、「日本一」の「いち」と、「誉れ高い」の「ほまれ」からなる、「いちほまれ」です。

高知県には、全国的に有名な「よさこい祭」があります。このお祭りでは、踊り子たちが南国土佐の情熱を込めて美しく舞い踊ります。その姿に恋する気持ちを込めて、「よさ恋美人」と名づけられた品種があります。

このおコメは、七月に収穫できるという、極早生《ごくわせ》品種です。そのため、出荷時期が、八月に開催されるよさこい祭りとほぼ一致していることも、この名前の由来といわれます。

このような印象的で魅力的な名前をもった多くの品種が各地で乱立するように生まれているので、「おコメの戦国時代」といわれるのです。また、そのようによばれるのにふさわしい、歴史上の戦国時代を彷彿《ほうふつ》とさせるような品種名もあります。

岩手県には、平安時代の豪族であった藤原清衡《きよひら》が建立し、藤原清衡、基衡《もとひら》、秀衡《ひでひら》の三代のゆかりの寺である中尊寺があります。その金色堂はよく知られており、一九五一年、国宝の建造物第一号に認定されており、二〇一一年には、世界文化遺産に登録されています。

その建物の金色と、実る稲穂の黄金色のイメージを重ねて、品種名が生まれています。黄金色の穂が風にゆっくりと揺れるような感じを抱かせる「金色の風」という品種が、二〇一六年に登録されています。

宮城県には、戦国時代の武将として天下統一の夢をいだいた伊達政宗《だてまさむね》が治めた仙台藩がありました。その政宗の天下統一の夢は、豊臣秀吉や徳川家康のためにかなえられることはありませんでした。そこで、その政宗の夢をおコメに託して、「まさゆめ（正夢）」として実らせるために、「だて正夢」という品種名が二〇一七年に生まれています。

石川県は、かつて、前田利家《としいえ》の加賀百万石《ごく》の地でした。それをもじって、この地で、「ひゃくまん穀《ごく》」という品種が、二〇一七年に生まれました。この名前は、このおコメを食べたら大いに満足するという「百満足」に洒落ているともいわれます。

このように、近年、名前にこだわりをもった品種が多くデビューしており、おコメの戦国時代といわれているのです。では、このようになる前の時代、おコメの品種の世界は、どのようなものだったのでしょうか。次項で紹介します。

†戦国時代を迎える前のおコメは？

近年、おコメの多くの品種がつくられていますが、コシヒカリという品種が高い人気を保っています。この品種は、一九四四年に生まれ、その後、新潟県や福井県で品種として育てられながら、一二年後の一九五六年に、「コシヒカリ」と命名されました。

この品種が育成された新潟県や福井県は、富山県、石川県あたりとともに、昔、「越《こし》の国」とよばれていました。コシヒカリという名前には、その越の国に光り輝くようにとの大きな期待が込められていました。

この品種が広く栽培されはじめた当時、最も多く栽培されていたのは、愛知県で生まれた「日本晴《にほんばれ》」という品種でした。コシヒカリは、名前に託された期待に応えて、一九七九年、日本晴に代わって、全国で植えられる田んぼの面積を示す「作付面積」が、日本一になりました。

その後、コシヒカリは、おいしいおコメの象徴として、人気を保ち続けます。その人気の高さは、作付面積の大きさでわかります。二〇一七年のコシヒカリの作付面積は、全国で栽培されるすべてのイネの約三六パーセントを占めています。

二番目に多い品種が「ひとめぼれ」で、その作付面積は一〇パーセントに及びません。コシヒカリが、ダブルスコアどころかトリプルスコア以上で引き離して、突出しての第一位なのです。

コシヒカリの作付面積が約三六パーセントであることはすごいことなのですが、トップの座を守り続けていることが、もっとすごいことなのです。作付面積が第一位になった一九七九年以来、現在（二〇一八年）までの四〇年間、コシヒカリがずっとその地位を保ち続けています。

イネの品種は常に改良されていますから、ふつうには、何年間かが経過すれば、性質が改良された新しい他の品種が出てきて、第一位の地位が入れ替わるものなのです。そのために、品種改良は行われているのです。ところが、コシヒカリの場合は、その人気が約四〇年間も継続しています。

コシヒカリが急激に作付面積を広げてきた時代に、コシヒカリとともに多く栽培されていたのは、「ササニシキ」でした。この品種は宮城県生まれで、この名前は、父親である品種「ササシグレ」の「ササ」と、母親である「ハツニシキ」の「ニシキ」を受け継いだものです。

コシヒカリは、粘《ねば》り気があり、甘みが強いおコメです。それに対して、ササニシキは、「粘り気が少なく、あっさりした食感なので、飽きがくることなく食べられる」との評判で、人気を保ってきました。しかし、イネの最も大きな病気である「いもち病」に弱く、加えて、寒さに弱いという欠点がありました。

いもち病に感染すると、葉っぱが枯れ、穂《ほ》が出ても、おコメが実りません。そのため収穫量が減り、被害は甚大になります。特に、この病気は、長雨や冷害がおこるときに、発生しがちなものなのです。

ササニシキがこの病気に弱いという欠点を露呈したのが、一九九三年の大冷害でした。多くの品種が不作となりましたが、ササニシキは特に大きな被害を受けました。その結果、この年、日本中がおコメ不足に陥りました。そのため、その後は、ササニシキの主な産地であった宮城県でも、冷害に強い「ひとめぼれ」という品種にとってかわられました。

ひとめぼれは、コシヒカリと「初星《はつぼし》」を両親として、宮城県で生まれ、一九九一年に命名されたおコメです。この品種は、「出会ったとたんに、ひとめぼれ」をキャッチフレーズに、さっぱりした甘みと、ふっくらとした食感で、粘り気のあるおコメです。

ひとめぼれという名前には、「見ると、その姿の美しさにひとめぼれ」、「食べると、おいしさに出会って「ひとめぼれ」となってほしいとの思いが込められています。宮城県の「多くの人に愛されるおコメになってほしい」との願いを背負ったおコメです。

コシヒカリとひとめぼれとともに、多く栽培されてきたおコメは、「ヒノヒカリ」と「あきたこまち」でした。ヒノヒカリとあきたこまちは、二〇一八年の作付面積のランキングでは、コシヒカリ、ひとめぼれに続いて、それぞれ、第三位、第四位の品種です。ひとめぼれはコシヒカリの子どもに当たる品種ですが、ヒノヒカリとあきたこまちもコシヒカリの子どもです。コシヒカリは、親としても活躍しているのです。

ヒノヒカリは、コシヒカリと「黄金晴《こがねばれ》」という品種を両親として、宮崎県で生まれ、一九九〇年に品種登録されました。この品種の名前は、おコメが太陽（日）のように光り輝く様子を由来としていますが、「日」は栽培の拠点となった九州を表す語ともいわれます。

この品種は、宮崎県、鹿児島県、熊本県、佐賀県、福岡県など、九州の各県を中心に、西日本で、栽培が広く奨励されてきました。そのため、コシヒカリが「東の横綱」といわれるのに対し、ヒノヒカリは、「西の横綱」といわれることがあります。

あきたこまちは、コシヒカリと「奥羽《おうう》292号」という品種の子どもとして、秋田県雄《お》勝町《がちまち》小野《おの》の里に生まれ、一九八四年に命名されました。この地は、平安時代の美人の誉れ高い歌人、小野小町《おののこまち》の生まれ故郷とされています。

小野小町は、エジプトのクレオパトラ、中国の楊貴妃《ようきひ》とともに、「世界三大美人」にあげられます。世界的には、小野小町に代わり、ギリシャ神話のヘレン（ヘレネ）が入れられるようですが、小野小町が、「秋田美人」を生みだす秋田県が誇りとする、絶世の美女であることに変わりはありません。

あきたこまちには、小野小町の名声にちなんで、おいしいおコメとしての名声を得るようにとの思いが込められました。秋田県のおコメとして、小野小町のように末永く愛されるようにとの願いを背負って、秋田県の「あきた」と「小町」を組み合わせ、「あきたこまち」と名づけられました。

今後、近年の「おコメの戦国時代」といわれる時代から、どのようなおコメが天下を統一するかは不明です。どのように品種間の競争が展開され、どのような品種が生き残るかもわかりません。

ただ、現在は、コシヒカリを先頭に、その子どもたちに当たる、ひとめぼれ、ヒノヒカリ、あきたこまちのコシヒカリの一族が、作付面積ランキングの上位を占め、多く栽培されています。

†〝おいしいおコメ〟とは？

近年、おコメの多くの品種が全国の都道府県から名乗りを上げ、「おコメの戦国時代」といわれるほど、品種が乱立しています。「なぜ、おコメの品種が乱立するようになったのか」との疑問が浮かんできます。それには、いろいろな理由があるのでしょう。でも、主に三つの背景が考えられます。

一つ目は、消費者にも生産者にも、おいしいおコメが求められているからです。戦後、おコメには、空腹を満たすことが求められてきました。しかし、近年、空腹を満たすだけでなく、おいしいおコメが消費者には求められています。ですから、おいしいおコメはよく売れます。そのため、生産者は、おいしいおコメづくりを目指します。

「おいしいおコメ」と一言で表現されますが、おいしいおコメとは、どのような性質をもっているのでしょうか。おいしいおコメの代表といわれるコシヒカリの〝おいしさ〟の秘密を知る研究から、その主な性質が明らかになりました。

おコメには、多くのデンプンが含まれます。デンプンは、ブドウ糖という物質が並んで成り立っています。ブドウ糖は、英語名では、グルコースとよばれます。デンプンは、ブドウ糖のつながり方の違いによって、二つに分けられます。

この二つとは、「アミロース」と「アミロペクチン」です。この二つの成分が含まれる割合が、おコメの味に大きく影響します。私たちがふつうのご飯として食べるおコメは、「うるち米」という種類です。

うるち米に含まれるアミロースの量は、約二〇パーセントです。このアミロースの含有量が少なくなるほど、粘り気のあるおコメになり、私たちがおいしいと感じるおコメとなります。そのため、アミロースの含有量を目安とすると、おコメのおいしさが示されるのです。

一九九三年に、日本のおコメが不作に見舞われ、タイからおコメが緊急に輸入され、コメ不足を補う対策が取られました。そのときのおコメは、インディカ米でした。これもうるち米なのですが、日本のおコメとは、かなり特徴が異なります。

日本のおコメの粒は丸くぽっくりしていますが、インディカ米は、粒が細長いので「ロングライス」といわれたり、タイが原産地と思われ「タイ米」とかよばれたりします。これに対し、日本のおコメは、「ジャポニカ米」といわれます。

インディカ米は、炊いても、硬くて粘り気がなく、あっさりしていました。そのため、

「お箸《はし》でつかめないおコメ」などと表現されました。このおコメには、アミロースが約三〇パーセントも含まれています。そのため、硬くてあっさりしており、冷えるとパサパサになる特徴があるのです。

これに対し、ジャポニカ米には、炊いたあと、もちっとした粘り気があります。多くの日本人は、これを好みます。この性質は、アミロース含有量が、約二〇パーセントと少ないためです。

当時の多くの品種がアミロースを二〇～二二パーセント含んでいたのに対し、「おいしい」といわれるコシヒカリのアミロースの含有量は、一七～一八パーセントでした。コシヒカリのアミロース含有量は、他の品種より数パーセント少なかったのです。

「このわずかの差が、おコメのおいしさを左右するのか」との疑問が浮かびます。「アミロースの含まれる量が少ないおコメは、ほんとうにおいしいのか」と疑問に思われるかもしれません。でも、実際に、アミロースの含まれる量を少なくしたおコメがつくられ、「おいしい」と評価されてきています。

アミロースの含有量だけでおコメのおいしさが決まることはないでしょうが、これがおいしさを支配する一番大切なものであることもたしかなのです。このアミロースが含まれる量のわずかな違いで、私たちが「おいしさ」を感じるのです。

それを裏づけるのは、コシヒカリに続いて、おいしいと人気のあるおコメのアミロース含有量です。近年、日本の作付面積でコシヒカリに続くのは、あきたこまち、ひとめぼれ、ヒノヒカリですが、それらのアミロースの含有量は、いずれも、約一七パーセントです。

ただ、アミロース含有量の低いおコメがおいしく、高いおコメがおいしくないというのは、単なる好き嫌いによるものです。日本人の多くが、粘り気のあるおコメを「おいしい」と感じるだけなのです。

日本のおコメを好まない人もいます。たとえば、アメリカ人には、日本のおコメを「スティッキー」と表現し、「おいしくない」という人が多くいます。「スティッキー」とは、「にちゃにちゃ」という意味で、粘り気のあることを意味する言葉です。

でも、私たち日本人には、アミロースの含有量が少なく粘りけのあるおコメが好まれているのです。「アミロースの含有量が少ないおコメは、おいしい」ということに基づいて、おいしいおコメがつくられた例があります。次の項で紹介します。

†北海道で、おいしいおコメが生まれる！

一昔前、北海道のおコメは、「あまりおいしくない」といわれていました。日本中のおコメの生産量を増やすために、北海道のような寒い地域でも栽培できるような品種が育成されてきたのです。そのため、おいしさは、二の次だったのです。

ふつう、おコメが散らばって落ちていれば、鳥はそれらのおコメをついばみながら歩くものです。ところが、当時の北海道のおコメは、ばらまかれていても、「鳥はそれらをついばまずに、またいで通る」と揶揄《やゆ》されて、「鳥またぎ米」といわれていたのです。当時の北海道のおコメのアミロースの含有量は高く、二二〜二五パーセントでした。

しかし、近年は、北海道のおコメは、品種改良されて、「おいしいおコメ」として人気があります。これは、北海道が「アミロースの含有量が少ない」ことを「おいしいおコメづくり」の目印に利用することで、品種の改良が飛躍的に速く進んだ結果といわれます。「おコメがおいしいか、おいしくないか」を、実際に食べてみて判定するには、多くの人に食べてもらわねばなりません。そのためには、試作の段階で、多くの量のおコメをつくる必要があります。

しかし、アミロースの含有量で「おいしいか、おいしくないか」が判断できるのなら、アミロースを分析する測定器にかけるだけのおコメの量をつくればよいのです。食べて判定するよりは、ずっと少ない量ですみます。

また、判定するための手間もかかりません。そのため、品種改良が速く進みます。その結果、北海道から「きらら397」や「ななつぼし」、「ゆめぴりか」などの「おいしい」と評判の品種が次々と生まれてきました。

「きらら397」のアミロース含有量は、一九〜二〇パーセントです。このおコメは、コシヒカリの子どもである「コシホマレ」の孫として生まれ、一九九〇年に、品種として登録されました。「きらら」は、きらきらと輝く様子を示し、星が輝き、雪が白く光り輝くような思いを託しています。「397」は、生産地で、それぞれの品種につけられている品種の系統番号です。

「ななつぼし」は、二〇〇四年に品種登録された品種です。この名前には、「北海道から見える北斗七星のように、きらきらと輝いてほしい」という願いが込められています。「ななつぼし」の「ななつ」は、おコメの味、白さ、つや、粘り、香り、やわらかさ、口当たりの七つを意味し、これらに自信のあるおコメといわれます。アミロースの含有量は、約一八パーセントです。

「ゆめぴりか」は、きらら397の孫として、二〇一一年に品種登録された品種です。この名前は、「日本一おいしいおコメになってほしい」という北海道の人々の夢に、アイヌ語の「美しい」という意味をもつ「ぴりか」を合わせて成り立っています。アミロース含有量は、約一七パーセントです。

毎年、日本穀物検定協会が、おコメの「食味ランキング」を発表します。近年、北海道で生まれたななつぼし、ゆめぴりかなどの品種は、五段階の最高評価である「特A」を獲得しています。「特A」というのは、おコメの最高ブランドである、新潟県魚沼産のコシヒカリと同じ評価です。

新しい時代を生きるおコメの品種が、北海道だけでなく、各都道府県で、次々に開発されています。この理由は、消費者にも生産者にも、おいしいおコメが求められているからです。しかし、それだけではありません。おコメの消費量が減ってきたことが、おいしいおコメの開発を促しているのです。おコメの消費量が減っていることを、次の項で紹介します。

†おコメの消費量の減少

現在、私たちは、一年間に一人当たり、どのくらいのおコメを食べているでしょうか。

一九六二年には、一年間に一人当たりのおコメの消費量は、約一一八キログラムでした。ところが、それをピークに、その後の消費量は、どんどん減少しはじめたのです。

おコメの消費量の減少に歯止めはかからず、二〇〇六年には、約六一キログラムと約半分になりました。その後も減り続けており、二〇〇九年には五八・五キログラム、二〇一二年には五七・八キログラム、二〇一三年には五六・九キログラム、二〇一五年には五四・六キログラム、二〇一六年には五四・四キログラム、二〇一七年には五四・二キログラムとどんどん減少しているのです。

おコメの消費量の減少を象徴するように、二〇一二年二月には、「コメ、パンに抜かれる」と、話題になりました。総務省の家計調査で、二〇一一年の二人以上の一世帯当たりのおコメにかける金額が、パンにかける金額に追い越されたのです。「ごはんより、パンの方に多くの食費が費やされている」ということになったのです。

私たちの生活を振り返ると、原因はいろいろ考えられますが、大きな理由は、パンは調理の必要がなく食べられるということでしょう。コーヒーや牛乳、フルーツジュースなどの飲み物といっしょにパンを食べれば、朝食や昼食になります。この食事なら、面倒な準備はあまり必要ありません。せいぜいパンを焼く手間ぐらいで、手軽です。

それに対し、ご飯を食べようとすると、おコメを研《と》いで炊かなければなりません。そのため、手間と時間がかかります。また、ご飯は必要な量だけを炊くのはむずかしいです。多めに炊けてしまいますが、パンならほぼ必要な量だけを購入できます。

その上に、ご飯の場合は、おかずを準備しなければなりません。その調理に、手間と時間がかかります。パン食なら、生の野菜がサラダとして添えられるくらいで、簡単です。それに加えて、ご飯を食べるときに使われる食器類は、おかずを準備した分だけ、パン食に比べて多くなります。食後には、それらを洗うためや、あと片付けのための手間と時間がかかります。

おコメの消費量が減少しているので、農林水産省がおコメの消費を促すために、おいしいおコメづくりを奨励《しょうれい》しています。日本の食料自給率が、二〇一七年のカロリーベースで約三九パーセントであり、世界各国と比べると、たいへん低いことはよく知られています。しかし、ご飯として食べるおコメの自給率は、ほぼ一〇〇パーセントなのです。

それに対し、パンの原料であるコムギの自給率は、約一二パーセントです。コムギは、ほとんどを輸入に頼っているのです。そのため、日本の食料自給率を上げるためには、自国で自給できるおコメを食べることが大切なのです。

おコメは、栄養バランスの良い食材です。白米の中に蓄えられた栄養成分は、デンプンを中心とする炭水化物が約七七パーセントと多く、タンパク質や脂肪をはじめ、ビタミン、ミネラル、食物繊維《しょくもつせんい》を含んでいます。ご飯として食べる場合は、塩分や脂質が少ないので、主食として適切なのです。

だからこそ、おコメは主食として、長い間、私たち日本人の健康を支えてきたのです。それればかりか、世界人口の約半分の主食になって、世界の人々の健康を支えてきているのです。私たちは、もっと、おコメを大切にしなければならないでしょう。

現在、おコメの消費量は減っていますが、おコメが敬遠されているのではなさそうです。炊くという手間が省ける、レトルト米飯や無菌包装された米飯などのパックされたご飯の生産量、消費量は増えています。また、外食や、調理されたものを買ってきて家庭で食事をする中食《なかしょく》でのおコメの消費量は増加しています。決して、〝おコメ離れ〟がおこっているわけではないのです。

本書を含めて、私は著書で、イネの果実に「おコメ」、あるいは、「お米」という語句を使います。「この語は「コメ」、あるいは、「米」でいいのではないか」といわれることがあります。しかし、子どものころから、私は「おコメ（お米）」を「コメ（米）」と呼び捨てのようにしたことはありません。

おコメは、昔から、私たちの空腹を満たし、健康を守ってきてくれました。「おコメ（お米）」の「お」には、ただ丁寧に、あるいは、上品に表現するという意味だけでなく、おコメ（お米）に対する感謝と敬いの気持ちがこもっています。

ですから、私だけでなく、多くの人々が「おコメ（お米）」という語を使われるはずです。もし、この語が気になられたら、そのようにご理解ください。

†新品種が続々と誕生する背景は？

一九九〇年、農林水産省は、おコメの消費量の減少を危惧《きぐ》して、おいしいおコメをつくりおコメの消費を促すために、新しい品種の開発を奨励しました。しかし、おコメの品種の開発は、短期間でできるものではありません。

ようやく二〇〇〇年代に入ると、農林水産省からだされた新しい品種の開発の奨励に応えるように、おいしいおコメが登場しはじめます。まず、二〇〇〇年代の初めには、「北海道で、おいしいおコメが生まれる！」の項で紹介したように北海道からななつぼし、熊本県から「森のくまさん」などが登場しました。

「森のくまさん」は、熊本県で生まれ、二〇〇〇年に品種登録された品種です。新しく生まれてくる品種は、多くの場合、片方の親はよく知られた品種である場合が多いのですが、この品種では、両親ともによく知られた品種です。東の横綱品種であるコシヒカリと、西の横綱品種といわれるヒノヒカリが、両親なのです。そのため、これは、「血統がいい」と表現される品種です。

「杜《もり》の都」と書かれると、宮城県仙台市が思い浮かびます。一方、「森の都」というと、熊本県熊本市の愛称として知られています。これにちなんで、森のくまさんは、熊本県で登録されています。森のくまさんの「森」は「森の都」の森、「くま」は熊本県の熊、「さん」は、名前につける敬称の「さん」と同時に、生産の「産」を意味するともいわれます。

二〇一〇年代になると、ななつぼしや森のくまさんなどに続いて、新しい品種がデビューしてきます。本章の「北海道で、おいしいおコメが生まれる！」の項で紹介したゆめぴりか、山形県からつや姫、佐賀県から「さがびより」などです。

「つや姫」は、ひとめぼれの孫として、山形県で生まれ、二〇一一年に、品種登録されました。これは、おコメの炊きあがりの美しいつやの輝きと、山形県が大切に育ててきた生《きっ》粋《すい》の山形育ちのお姫様のイメージを重ねて命名されたものです。

「さがびより」は、佐賀県で生まれ、二〇一一年に、品種登録されました。この品種は、縞葉枯《しまはが》れ病やいもち病に抵抗性のある「あいちのかおりSBL」と「天使の詩」を両親として、生まれています。

佐賀県は、穏やかな気候や肥沃《ひよく》な土地、豊かな水などの自然に恵まれています。それらを背景に、日々、コメづくりに励み、収穫を迎える日は笑顔で迎えられる、はれやかな佐賀日和であってほしいという思いを込めて、これは命名されたといわれます。

このおコメが市販されている袋には、さがびよりの各文字に込められた意味が、書かれていることがあります。それによると、「米のうまさは〝さ〟がの誇り、町で噂の〝が〟ばいうまいっ!（〝がばい〟はすごくの方言）もっちり〝び〟っくり「さがびより」。甘み〝よ〟いツヤ、よい香り、りょう〝り〟自慢も選ぶ米」となっています。

「なぜ、おコメの戦国時代を迎えたのか」という疑問に対する答えとなる背景の一つ目は、おいしいおコメが求められていることです。生産者も消費者もおいしいおコメを求めていることに加えて、おコメの消費量が減り、農林水産省がよりおいしいおコメづくりを目指し、新品種の開発を奨励したためです。しかしそれだけではありません。

二つ目の背景は、おコメによる地域経済の活性化です。それを加速するのが、二〇一八年に、減反《げんたん》政策が解除されたことです。次の項で、紹介します。

†宣伝合戦の背景にあるのは？

いくつかのおコメの品種のコマーシャルが　テレビなどで流れます。一昔前には、おコメの品種の宣伝は、現在のように頻繁《ひんぱん》に見たり聞いたりしませんでした。「なぜ、おコメの品種のコマーシャルが頻繁に流れるようになったのか」との疑問が浮かびます。

その背景の一つは、国内で生産されたおコメの合計金額である産出額が、一つの農産物として、きわめて大きいことです。いろいろな農産物の中で、おコメの産出額は群を抜いているのです。農産物の総産出額は、農産物を、米、野菜、果実、畜産、その他に、大きく分けて示されることがあります。

二〇一二年に発表されている数値を使うと、おコメの産出額は、一品目で、農産物のすべての産出額の約二四パーセントを占めます。これは、トマトやキュウリ、ネギやダイコンなどの野菜をすべて含めた産出額（約二六パーセント）にほぼ匹敵します。ミカンやリンゴ、ブドウなどのすべての果実を合わせた産出額は、約九パーセントで、おコメの半分にも及びません。

畜産は、農産物の総産出額の約三〇パーセントになり、おコメの産出額である約二四パーセントを上まわります。しかし、畜産の総産出額というのは、生乳、肉用牛、豚、鶏卵、鶏肉などをすべて含めたものであるのに対し、おコメは、単品で、約二四パーセントを占めるのです。

そのため、生産地のおコメの人気が上がることは、生産地域の経済を活性化し、その地域の発展に大きく貢献します。ですから、各都道府県や自治体は、地元が生産する品種の人気が上がることを望みます。その気持ちを強く反映したものが、タレントや女優などの芸能人を使った広告合戦となっているのです。

タレントのマツコ・デラックスさんが北海道の「ななつぼし」や「ゆめぴりか」を宣伝するコマーシャルは、多くの人のなじみになっています。女優の木村文乃さんもコマーシャルで、富山県の「富富富」をもって「フフフ」とほほ笑んでいます。

伊達政宗の子孫という噂のある伊達みきおさんがお笑いコンビを組む、サンドウィッチマンが「だて正夢」を宣伝しています。福井県では、地元出身の大物歌手、五木ひろしさんを起用して、「いちほまれ」などの広告をしています。

宣伝合戦が行われるもう一つの理由は、二〇一八年に生産されるおコメから、減反政策が廃止されたことです。これは、一九七〇年から続けられてきた、おコメの生産量を調整する政策です。

減反政策の目的は、おコメの過剰な生産を抑えるためでした。そのため、農地で、おコメ以外の作物をつくる転作や、おコメを含めた作物の栽培を一時的にやめてしまう休耕などによって、おコメの作付面積が減らされてきたのです。

これにより、おコメの生産量が調整されていたので、生産地の競争はそれほど激しくなかったのですが、これが廃止されて、おコメの生産量は生産者に任されました。言い換えると、生産する量に制限はなくなったのです。そのため、生産者は、自分の責任でおコメを生産し販売しなければならなくなりました。

生産者は、消費者に好まれるおコメをつくる必要性に迫られるようになりました。また、それをあと押しして、地域の経済を潤《うるお》すために、生産地となる都道府県や自治体も宣伝に力を入れて、消費者に向けて積極的に生産地のおコメの良さを知らせるようになっているのです。その結果、「おコメの戦国時代」となって、生き残りの競争が行われているのです。

戦国時代を生き抜くための宣伝合戦の武器の一つは、ここで紹介したように、大物芸能人を使うことです。でも、もう一つ、それに勝るとも劣らぬ武器があります。次項で、紹介します。

†宣伝合戦の武器は？

多くの品種のおコメの宣伝合戦のために、使われる強力な武器は、何でしょうか。それは、「特A」という旗印を掲げることです。「特A」というのは、日本穀物検定協会の食味ランキングで得られる最高の評価なのです。

この食味ランキングのためには、六項目が評価されます。その項目は、「香り」、白さやつや、形などの「外観」、甘みや旨みの「味」、あり過ぎてもなさ過ぎても減点になる「粘《ねば》り」、適度な「硬さ」、全体的な印象を「総合評価」とする六項目です。

この食味ランキングは、一九七一年につくられたおコメからはじまったもので、当初は、「A」評価が最も高いものでした。一九八九年につくられたおコメから、「A」評価の上に、「特A」の評価が加わり、「おいしいおコメ」のお墨付《すみつ》きが与えられることになりました。

この「特A」の評価を受けると、テレビや新聞などのメディアで取り上げられ、有名になります。

たとえば、おいしいおコメの代表である、新潟県魚沼地域で栽培されるコシヒカリも、この審査を受けてきました。その結果、日本穀物検定協会の食味ランキングの格付けがはじまった一九八九年産以来、「特A」の評価を二八年間受けてきました。

また、二〇一九年二月に、二〇一八年産のおコメの食味ランキングが、日本穀物検定協会から発表されました。初めての新しい品種五二品種を加えて、一五四品種が評価を受けました。その中で、最高の評価「特A」を受けたものが、過去最多の五五品種でした。多くのおコメの品種が、「おいしい」という評価を求め、実際に獲得しているのです。

二〇一八年産米の評価では、三品種が初めて「特A」評価を得ています。二〇一八年に本格的にデビューしたといわれる山形県の「雪若丸」が初めての参加で「特A」評価を受け、話題となりました。あとの二品種は、「銀河のしずく」と「ゆめおばこ」でした。

「銀河のしずく」は、岩手県で生まれ、二〇一八年に品種登録された品種です。この品種名は、岩手県出身の詩人であり童話作家である宮沢賢治が著した「銀河鉄道の夜」という作品名にちなんでいます。

また、「銀河」は、岩手県の星空に光る星の輝きがおコメの一粒一粒の輝きとイメージが重なります。「しずく」は、このおコメのつや、白さ、美しさを意味します。岩手県は、すでに「金色《こんじき》の風」を開発しており、「銀河のしずく」とあわせて、金、銀をそろえたといわれます。

「ゆめおばこ」は、秋田県で、あきたこまちとひとめぼれの孫として生まれ、二〇一〇年に品種登録されました。「ゆめおばこ」の「ゆめ」は、病気や寒さに強く、多収であってほしいという生産者の夢を意味しているといわれます。「おばこ」は、秋田県の女性をイメージする強い信念と、おコメを炊いたときのやわらかさを併せもつ様子を意味しているといわれます。

ここまで紹介してきたように、「なぜ、おコメの戦国時代を迎えたのか」という疑問に対する背景の一つは、「おいしいおコメを求めて」であり、二つ目は、「地域の経済を活性化する」ことです。

さらに、三つ目は、現在進行している温暖化への対策です。温暖化に伴うと考えられる猛暑のためにおコメが白濁《はくだく》し、品質が落ちるという事態がおこっています。次の項で紹介します。

†猛暑に負けないイネとは？

近年、地球の温暖化は、着実に進行しています。二〇一六年一月、アメリカの海洋大気局は、「二〇一五年の世界の年間平均気温が一四・八〇度となり、観測記録が残る一八八〇年以降、最高を記録した」と発表しました。さらに、その翌年の二〇一六年の世界の年間平均気温は、それを上回ったと話題になりました。

また、アメリカ航空宇宙局の発表では、一八八〇年以降、もっとも平均気温が高かった年を並べてみると、最近の二〇一四年からの五年間が、一位から五位までを占めています。ということは、近年、平均気温が確実に上昇しているということです。

これらは、地球の温暖化が世界的に進行していることの兆候です。日本の国内でも、近年、最高気温が二五度を超える「夏日」や、最高気温が三〇度を超える「真夏日」、最高気温が三五度を超える「猛暑日」が増えてきています。また、最低気温が二五度以上の「熱帯夜」が多くなってきました。

この猛暑は、現在栽培されているおコメの生育に影響します。また、食味が低下し、収量が減少することが考えられています。

食味は食べてみないとわかりませんが、外観からも、食味の低下は推測できます。その兆候は、おコメが白く濁ったり、粒が十分に発達しなかったり、この両方が発現したりします。このような高温の弊害が米粒に現れるのです。

その象徴的なできごとが、二〇一八年の初春におこりました。一九八九年に、新潟県魚沼産のコシヒカリが、この年にはじめて、「特A」評価から「A」評価に下がってしまいました。このおコメは、「特A」評価が創設されてから、二八年間にわたって連続で「特A」評価を受けてきたものでした。

主な原因は、二〇一七年の夏の猛暑であると考えられ、二〇一八年の栽培には、暑い夏に田んぼに散水するなど、栽培法に工夫が凝らされました。その努力が報われて、二〇一九年には、魚沼産のコシヒカリは「特A」評価に返り咲きました。

進行している温暖化に対して、イネの栽培の方法に工夫を凝らすことは必要です。一方では、高温に対処できる品種を生み出すことが求められます。そのため、気温の上昇に耐えるような、高温に強いおコメの品種の開発の努力がなされています。

高温に打ち勝つ耐暑性《たいしょせい》を備えた品種とは、高温で枯れないことはもちろんですが、高温に出合っても、収穫量が落ちないことと、おコメのおいしさが保たれることです。その方法は、三つに分けられます。

一つは、猛暑を避けて栽培し、猛暑の前に収穫することです。たとえば、猛暑を避けて栽培され収穫される「葉月《はづき》みのり」という品種が新潟県では育成されています。これは、四月下旬までに田植えを済ませ、猛暑が訪れる前の八月初旬に収獲できる極早生《ごくわせ》品種です。

この品種は、新潟県で生まれ、二〇一八年に品種登録の申請が出されています。葉月みのりの「葉月」は、旧暦の八月の呼び名であり、八月中旬には実りが終わることをアピールした名前です。

高温に対処する品種を生み出す二つ目の方法は、猛暑に負けずに打ち勝つ品種を生み出すことです。たとえば、熊本県では、「森のくまさん」、「くまさんの力」に続いて、新しく「くまさんの輝き」が誕生しています。

従来の品種は、穂が出たあとの平均気温が二三度まで耐えられるとされていたのですが、この品種は、二七度の高温にまで耐えられるようになっています。また、大雨や強風で倒れないように、背丈を低くする矮性化《わいせいか》という性質を備えています。従来の品種と比べて、平均四センチメートル背丈が低くなったといわれます。

西日本で多く栽培されてきたヒノヒカリは、暑さに比較的に弱い品種です。そのため、それに代わる品種が求められて登場してきたのが「にこまる」です。これは、九州沖縄農業研究センターにより育成されたもので、二〇〇八年に品種登録されています。

名前は、おいしくて笑顔がこぼれる品種であり、品種の特性である粒の良さを「まるまる」と表現したものです。高温による品質低下が少なく、多収でもあります。二〇〇九年には、長崎県で栽培されたものが、はじめて「特A」を取得し、二〇一九年の日本穀物検定協会の食味ランキングにおいて、二〇一八年度産では、静岡県（西部）、高知県（県北）、長崎県で栽培されたものが、「特A」評価を受けています。

高温に対処する品種を生み出す三つ目の方法は、猛暑の中から、品種を生み出すことです。たとえば、猛暑の中から選び抜かれてきた品種として知られるのは、埼玉県の「彩《さい》のきずな」です。これは、二〇一八年、日本穀物検定協会の「特A」評価に認定された新しい品種です。

二〇一〇年の猛暑の中、三〇〇種類のおコメが栽培されましたが、その中で白く濁らなかったコメ粒をつけた一株がありました。そのコメ粒から、彩のきずなは品種として育成されてきたものです。二〇一二年に命名され、二〇一四年には品種登録され、埼玉県産としては、二六年ぶりの「特A」に認定されたものです。

この品種は、夏の高温の中で、葉っぱの温度が上がりにくいという特性をもっています。温度を色で示すサーモグラフィーで測定された水田の葉っぱの温度は、従来の品種よりも、強い太陽の光が当たっているときでも、低いことが示されています。葉っぱの温度を低く保つためには、三つの力が働かねばなりません。

一つ目は、葉っぱから水が蒸発していく力です。葉っぱから水が出ていくことは、「蒸散」とよばれますが、多くの水が蒸散によって葉っぱから出ていけば、葉っぱの温度は低く保たれます。

二つ目は、葉っぱから出ていく水を根から葉っぱに送る力です。この力が弱いと、根で吸収した水が葉っぱに運ばれません。すると、葉っぱから蒸散する水が少なくなってしまいます。

三つ目は、根が水を吸収する力です。多くの水が吸収され、それが葉っぱに運ばれ、葉っぱから蒸散すれば、葉っぱの温度は低く保たれるのです。高温に強い「彩のきずな」は、この三つの力が強いと考えられます。

おコメは、日本人の主食であるばかりでなく、世界人口の約半数の人の主食になっています。世界的にも、温暖化に打ち勝つ品種が育成されなければならないのです。「多くのおコメの品種が乱立する戦国時代の中から、日本だけでなく、世界の人々の主食を担い続ける品種が生まれてきてほしい」との思いが募ります。

第六章
新品種で話題の植物たち

クリ

第五章では、近年、話題になるおコメの新品種を取り上げ、どのような性質をもっているか、どのような背景で新品種が生まれてくるのかを紹介しました。ふつう、新品種は、育成に長い年月がかかるため、次々と開発されてくるものではありません。

しかし、近年、私たちの主食となるおコメだけではなく、野菜や果物などの食材となる植物たちで、さまざまな新品種が生まれて、話題になっています。

本章では、いくつかの食材植物を取り上げ、どのような背景から、どのような新品種が生まれ、それらが、どのような性質をもっているかを紹介します。

†硬くならないお餅をつくる〝もち米〟

私たちがおコメとよぶものには、二つの種類があります。一つは、お餅《もち》をつくるのに用いるおコメであり、「もち米」とよばれます。お餅にするので「餅米」という漢字が書かれがちですが、そうではありません。

「餅」という字は、「丸くて平たい」を意味し、お餅になったときに使われるものです。お餅になる前のもち米に、「餅」を使うのは正しくありません。「もちごめ」は、正しくは、「糯」、あるいは、「糯米」と書かれます。この「糯」という字は、「しっとりとした粘り気のある」という意味を含んでおり、もち米の性質をそのまま表しているのです。

もう一つのおコメは、ふつうにご飯を炊くのに使われるものです。もち米に対し、そのおコメは、「うるち」、あるいは、「うるち米」といわれます。漢字では、「粳」、あるいは、「粳米」と書かれます。この「粳」という字は、「硬くてしっかりしている」という意味を含み、うるち米の性質を表しています。

「もち米とうるち米の違いは、何か」との疑問がもたれます。この二種類のおコメの違いは、おコメに含まれるデンプンの性質の違いです。デンプンというのは、おコメに多く含まれている物質であり、おコメの重量の七〇～八〇パーセントを占めます。

デンプンは、ブドウ糖という物質が並んで成り立っています。ブドウ糖は、英語名では、グルコースとよばれるものです。このブドウ糖の並び方により、デンプンには、二つの種類があります。

ブドウ糖が、一本の鎖のように、直線状に長くつながったものが、「アミロース」といわれます。もう一つが、一本の鎖のようにつながったものから、枝分かれするように、複数本のブドウ糖のつながりが伸び広がるものです。これは、「アミロペクチン」とよばれます。

うるち米は、アミロースとアミロペクチンを含んでいますが、もち米は、アミロースを含まず、アミロペクチンだけを含んでいます。これが、うるち米ともち米の違いです。もち米では、含まれるアミロペクチンが、やわらかい粘り気のもとになっています。

もち米をお餅にするときには、もち米を加熱し、水を加えます。熱が加わり、水を含んだ状態になると、アミロペクチンの枝分かれ状態の枝の部分が広がり、デンプンはやわらかくなります。これが、つきたてのお餅の状態です。

つきたてのお餅が冷えてくると、熱が出ていってしまうので、熱で広がっていた枝が閉じてきます。すると、アミロペクチンの広がっていた長い枝が絡まり、お餅は硬くなります。それでも、水分をまだ含んでいるときには、少しはやわらかい状態が続きます。

そのあと、乾燥して、水分も抜けると、お餅は冷えて乾燥した状態になり、アミロペクチンは、お餅をつく前の状態に戻ります。すると、枝分かれしていた枝は、広がりをなくし、絡まってしまい、お餅は硬くなります。

一方、冷えて乾燥してからも、やわらかさを保っているお餅があります。大福餅や羽二《はぶた》重餅《えもち》などの和菓子に用いられているお餅です。「なぜ、これらのお餅は、硬くならないのか」と、不思議に思われます。

これらには、デンプンを分解する物質が加えられていることもありますが、多くの場合、砂糖が加えられています。砂糖が多く含まれると、アミロペクチンの枝分かれの状態の枝が閉じないようになるのです。

「どのくらいの量の砂糖が含まれると、硬くならないのか」との疑問が浮かびます。お餅のやわらかさを長く保つためには、砂糖の濃度は約三〇パーセントとかなり多く含まれなければなりません。そのため、お餅に甘みが加わってしまいます。甘いのが好まれる和菓子なら、これで問題はありません。

でも、「何も加えずに、お餅の本来の風味を残したまま、硬くならないお餅はできないのだろうか」との願いが浮かびます。何より、多くの人には、「つきたてのお餅のやわらかさが長く保たれるお餅ができないのだろうか」との思いがあります。それらの願いや思いに応えて、硬くならないお餅をつくるために、もち米の新しい品種の開発が進められてきたのです。

その結果、愛知県農業総合試験場と農研機構が共同で、そのような性質をもつ新しい品種のもち米を開発しました。二〇一八年、「愛知《あいち》糯《もち》126号」として、品種が登録され、話題になりました。

このもち米では、枝別れしたアミロペクチンの枝が短くなっています。そのために、枝が閉じにくく絡まりにくくなっているのです。冷えて乾燥しても、枝が絡まらないので、やわらかさが保たれたままになるのです。

たとえば、お餅がやわらかいうちに、薄く長方形に大きく伸ばした状態の「のし餅」をつくります。時間が経つと、従来のもち米でつくられたのし餅は、硬い棒状になります。しかし、同じ時間が経過したあとでも、「愛知糯126号」でつくったのし餅は中央をもちあげると、両端がだらりと垂れ下がるほど、やわらかい状態が保たれています。

二〇一九年から、このもち米の栽培がはじまる予定です。近い将来、このもち米を使って、つきたてのやわらかい状態が長く保たれるお餅や、お餅のもつ本来の味を保ったままの和菓子が生まれてくるでしょう。

†「ぽろたん」を助ける「ぽろすけ」の誕生

クリは、ブナ科の植物で、「雌雄同株《しゆうどうしゆ》」の樹木です。雌雄同株とは、同じ株に、雄花《おばな》と雌花《めばな》を別々に咲かせる植物のことです。樹木ではスギやヒノキ、野菜ではキュウリやゴーヤなどがこの性質の植物です。

クリの仲間を示す属名は、「カスタニア」です。この語は、ギリシャ語のクリを意味する「カスターナ」を語源としています。また、クリのスペイン語の名前は、「カスターニャ」です。

「カスタネット」という打楽器があります。この名前は、昔、クリの木からこの楽器がつくられたことに由来するとされます。また、この楽器がクリの果実を二つに開いたような形をしていることにちなんでいるともいわれます。

クリには、日本原産のものがありますが、中国、アメリカ、ヨーロッパを原産地とするものもあります。日本原産のものは「日本栗」、中国原産のものは「中国栗」、アメリカ原産のものは「アメリカ栗」とよばれます。

地中海沿岸地方や西アジア原産のものは、「ヨーロッパ栗」や「西洋栗」とよばれます。トルコやスペイン、イタリアやフランスなどでは、栽培の歴史は古く、現在もこの果実が栽培されています。

日本原産のものは、英語名で「ジャパニーズ・チェス（ツ）ナッツ」とよばれ、「チェス（ツ）ナッツ」は、クリです。わざわざ、「ジャパニーズ（日本の）」がつくのは、日本原産の植物だからです。

原始時代の日本では、「日本栗が栽培されていた」といわれます。おいしい果実がなりますから、古くから、この樹木が栽培され、果実が収穫されて食べられていたことは容易に想像されます。

秋に実る果実は、私たち人間にとっては、代表的な「秋の味覚」の一つです。しかし、クリの果実は、動物によほど食べられたくないのか、食べられることから逃れるための固い守りの構造を施しています。

まず、クリの果実のまわりには、動物に食べられないような鋭いとげがあります。これは漢字で「毬」、あるいは、「梂」と書かれます。見慣れない、読みにくい漢字ですが、これは「いが」なのです。

それを取り除くと、つやつやとした硬い殻があります。これは「鬼皮《おにかわ》」とよばれます。さらにその内側に「渋皮《しぶかわ》」があり、これには、タンニンという渋みの成分がたっぷりと含まれています。

ＮＨＫ（日本放送協会）に、「子ども科学電話相談」というラジオ番組があります。全国の保育園児や幼稚園児、小学生や中学生らが、植物、動物、宇宙などについての素朴な疑問を電話で寄せてきます。それらの質問にスタジオから答える、生放送の番組です。

以前は、夏休みや冬休みに限られた番組でしたが、二〇一九年の春から、この番組は、日曜日の午前中にレギュラー化されました。私は、植物についての質問の回答者の一人として、十数年間、出演しています。

ある年、「なぜ、クリには、タネがないのか」との質問を受けたことがあります。クリでは、鬼皮が「果皮《かひ》」であり、渋皮が「種皮《しゆひ》」に当たります。クリの果実の可食部は、果皮と種皮に包まれたタネの中の部分です。ほとんどが、発芽のための栄養を貯蔵している「子葉《しよう》」とよばれる部分です。

ですから、クリはタネそのものを食べているのです。そのため、クリの食用部には、他の果物に見られるようなタネはありません。多くの果物は、皮を剝《む》いて食べる果肉の部分に、タネが含まれます。質問をくれた子どもは、クリも果肉を食べていると思ったのでしょう。

クリでは、鬼皮が果皮であり、渋皮が種皮だということなら、「一番外側の毬は、何か」との疑問が残ります。これは、「殻斗《かくと》」とよばれ、花の基部を包んでいた「総苞《そうほう》」という部分が変化したものです。

「天津甘栗」などの名前で市販され、焼き栗として食されている中国栗では、渋皮が剝け

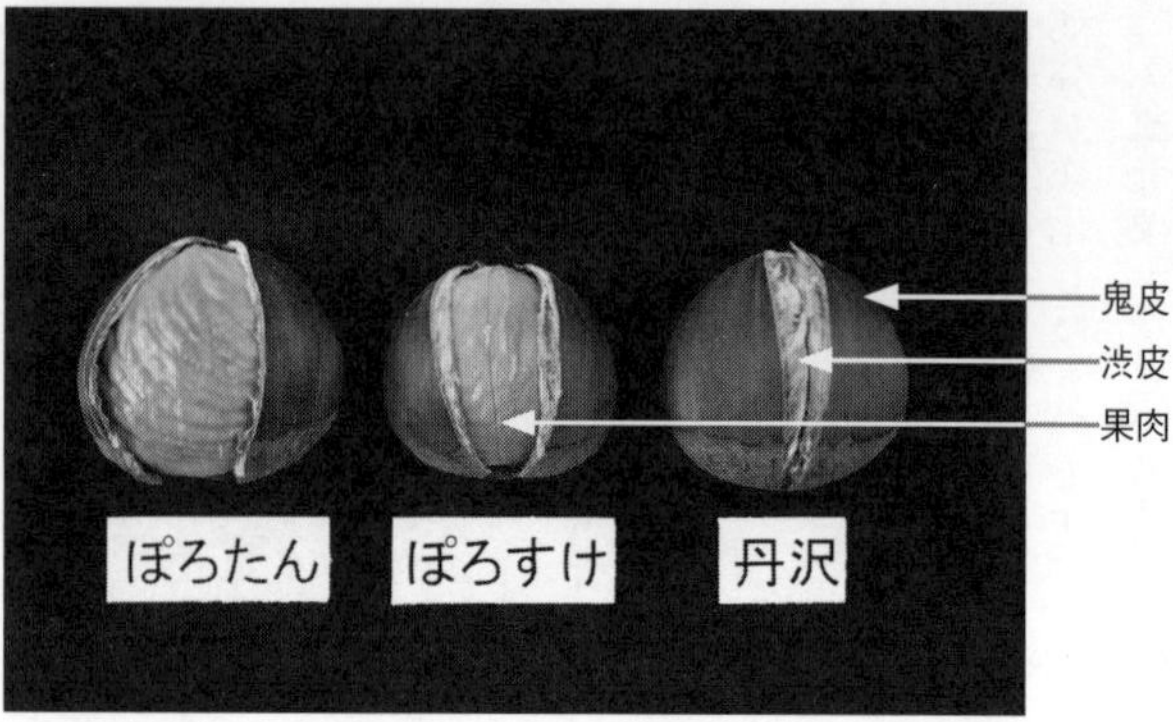

果実中心部に長さ２センチ、深さ３ミリ程度の傷を入れ、オーブントースターで７分加熱した場合の渋皮の剝けやすさ（画像提供：農研機構）

やすいのですが、日本栗の渋皮は剝けにくいのが特徴です。そのため、栗ご飯をつくるときにも、渋皮は包丁で剝かれなければなりません。そこで、渋皮が剝けやすい日本栗の品種の開発が進められてきました。

その結果、二〇〇六年に、電子レンジで二分間加熱すれば、そのあとに、渋皮がぽろっと剝ける「ぽろたん」という新しい品種が生まれて登録され、話題になりました。この名前は、「ぽろっと渋皮が剝ける」ことと、このクリを生み出した片方の親が、クリの有名な品種である「丹沢（たんざわ）」であったことから、「ぽろたん」と名づけられたのです。丹沢は、「筑波」、「銀寄《ぎんよせ》」とともに、「クリの三大品種」といわれるものの一つです。

ただ、電子レンジに入れる前には、鬼皮をナイフなどで深く傷をつけておかなければなりません。もし傷をつけておかないと、電子レンジの中で、クリが破裂して、果肉の断片が飛び散り、後始末がたいへんです。

このぽろたんに続いて、近年、「渋皮がぽろっと剝ける」という同じ特徴をもった、新しい品種が生まれてきました。

†「ぽろすけ」は、「ぽろたん」の何を助けるのか？

二〇一八年に、ぽろたんと同じ、「渋皮がぽろっと剝ける」という特徴をもった、日本栗の新しい品種がデビューして、話題となりました。それが、「ぽろすけ」という品種です。

名前の「ぽろ」は、オーブントースターなどで加熱すれば、渋皮が「ぽろっと剝ける」ことにちなんでおり、このクリは、ぽろたんと同じ性質です。「すけ」は、ぽろたんを「助ける」という意味で、「ぽろすけ」と名づけられました。そのことを知ると、「ぽろすけは、ぽろたんの何を助けるのか」という疑問が浮かびます。

一つは、渋皮がぽろっと剝ける日本栗の流通する量と期間を広げるのに、助けとなります。ぽろすけは、ぽろたんの収穫期より約一週間早く収穫できるため、「渋皮がぽろっと剝ける」クリの流通期間が長くなります。

もう一つの助けは、ぽろたんに花粉を与えるための品種となることです。ぽろたんには、花粉をつくる雄花《おばな》が咲きます。ですから、「なぜ、わざわざ、花粉を与えるための品種が必要なのか」という疑問が浮かびます。

たしかに、ぽろたんの雄花は花粉をつくります。しかし、クリには、「自家不和合性《じかふわごうせい》」という性質があるのです。この性質は、一本の株が自分の花粉を同じ株に咲く花につけても、タネができないというものです。タネができなければ、果実はなりません。

そのため、果実をならすためには、他の品種の花粉をつけなければならないのです。「なぜ、「自分の花粉を自分のメシベにつけても、タネができない」というような不便な性質を、この植物はもっているのか」との素朴な疑問が浮上します。

本来、植物でも動物でも、オスとメスのように性が分かれた生殖の意義は、オスのからだにある性質とメスのからだにある性質を、オスとメスが合体してまぜ合わせ、いろいろな性質の子どもをつくることです。ですから、オシベ、メシベをもつ多くの植物も、自分の花粉を自分のメシベにつけて、子ども（タネ）をつくることを望んではいないのです。

もし、自分の花粉を自分のメシベにつけて子どもをつくると、自分と似たような性質の子どもばかりが生まれます。ある病気に弱いという性質をもっていたら、一族郎党がすべてその病気に弱くなります。

その病気が流行《はや》れば、一族郎党が全滅してしまいます。それを避けるためには、他の株に咲く花の花粉をつけて、いろいろな性質の子どもをつくることが大切なのです。そうすれば、さまざまな環境の中で、どれかが生き残る可能性が広がるからです。

そのための性質が、自家不和合性なのです。ですから、自家不和合性は、クリに限られた性質ではなく、多くの植物に見られるものです。ウメやナシ、リンゴやサクランボなどの果樹類も、この性質をもっています。

ここで、大きな疑問が浮かぶかもわかりません。「「一本の株が自分の花粉を同じ株に咲く花につけてもタネができない」というのが自家不和合性である。それなら、わざわざ他の品種の花粉をつけなくても、クリを栽培している場所には、ぽろたんの株が多くあるはずだから、その株の花粉でいいのではないか」というものです。

ところが、ぽろたんだけではなく、果樹の品種は、接《つ》ぎ木という方法で株が増やされています。接ぎ木というのは、根を生やしている株の幹に割れ目を入れて、育てたい株の枝や幹をその割れ目に挿《さ》し込んで癒着させ、二本の株を一本につなげてしまう技術です。
挿し込まれた枝や幹が成長すると、一本の株になります。果樹の品種は、こうして増やされています。同じ品種の場合は、同じ株の枝や幹が接ぎ木で増えているのです。ですから、違う株に花が咲いても、その花は、同じ株に咲いた花と同じです。そのため、他の株の花粉をつけても、それは自分の花粉ですから、タネはできないのです。

「なぜ、そのような方法で増やすのか」との疑問もあるかもわかりません。接ぎ木で増やすからこそ、同じ品種の株は、すべて同じ性質なのです。そのおかげで、どこの果樹園で栽培されていても、同じ品種の果樹は、味、形、色、大きさ、香りなどがまったく同じ果実をつくりだすのです。

ウメやナシ、リンゴやサクランボなどの果樹園では、果実を実らせるために、花粉をつけるための他の品種が混在して植えられていることがあります。あるいは、わざわざ、他の品種の花粉をつける「人工受粉」という処理が行われていることもあります。

ぽろたんも同じ品種の花粉では実がなりにくいのですから、多くの実をならすためには、他の品種の花粉がつかなければなりません。その花粉を供給するために植えられる他の品種の株は、「受粉樹」とよばれます。

ただ、どのようなクリの品種でも、受粉樹になれるわけではありません。その樹木が花を咲かせ、花粉をつくることはもちろんなのですが、ぽろたんの受粉樹となるには、大切な条件が三つあります。

一つ目は、ぽろたんと同じ時期に花が咲くことです。それは、ぽろたんの雌花《めばな》に花粉をつけなければならないからです。開花する時期が違えば、花粉がつけられないので、受粉樹として、役に立ちません。

二つ目は、ぽろたんと果実の区別がつくことです。なぜなら、クリは、品種名を示して販売されることが多くあります。そのため、結実して落下した果実を拾い集めるときに、品種の区別がつかなければなりません。ですから、収穫期が異なるか、果実の外観が違っていなければならないのです。

三つ目の条件は、結実するぽろたんの果実の性質に影響しないことです。たとえば、受粉樹の花粉がついたために、ぽろたんの渋皮が剝けにくくなったり、果実の味が変わったり、果実が小さくなったりしてはいけないのです。

それらの条件を満たす品種として、ぽろすけが生みだされたのです。ぽろすけは、ぽろたんと開花の時期が同じです。ですから、違う品種の受粉樹として、花粉をつけることができます。

また、ぽろすけは、ぽろたんよりも一週間ほど早く結実します。ですから、収穫期が重なりません。混植されていても、果実を拾い集めるときに、ぽろたんの果実とまじりあうことはありません。

ぽろすけの花粉をつけても、ぽろたんの大切な性質、特に、「渋皮がぽろっと剝ける」という性質、果実の味や大きさなどに、何も影響を与えません。そのため、ぽろすけは、ぽろたんの生産を助けてくれるはずです。

一方、ぽろたんだけでなく、ぽろすけも自家不和合性です。幸いなことに、ぽろたんは、ぽろすけの受粉樹になれることが確かめられています。そのため、ぽろすけがぽろたんを助けるだけでなく、ぽろたんとぽろすけは、今後、お互いに助け合って、渋皮がぽろっと剝ける日本栗の生産を高めてくれるでしょう。

†ピーナッツを越える落花生とは?

ラッカセイは、南米アンデス高原を原産地とする、マメ科の植物です。日本には、江戸時代に中国から渡来し、明治時代になって、本格的な栽培がはじまりました。花が咲いて落ちたあと、メシベの基部にあった「子房」とよばれる部分が地中に入り、そこで、果実が生じます。その性質を反映して、漢字名は「落花生」と書かれます。

この植物には、ラッカセイという呼び名以外に、「南京豆《なんきんまめ》」や「ピーナッツ」という名前があります。南京豆は、「中国から来たマメ」を意味します。ピーナッツは、英語の「peanut」に由来します。ピー（pea）は「マメ」を意味し、ナッツ（nut）は「硬い果実」を意味する言葉です。

これらの名前は同じものを指すのですが、使い分けがあるともいわれます。それによると、ラッカセイは、この植物の名称に使われ、漢字名の「落花生」は、カサカサの殻のついたものに使われます。殻が取り除かれて、茶色い薄皮をつけた状態のものは「南京豆」といわれ、この薄皮が取られたものは「ピーナッツ」とよばれます。しかし、この使い分けは、厳格なものではなく、「正しい」か、「誤っている」かを、真剣に言い争うものではありません。

ラッカセイは、千葉県を代表する農作物です。茨城県や神奈川県、鹿児島県などでも生産されていますが、千葉県が日本の生産の約八〇パーセントを産出しています。ただ、国内産の自給率は低く、約一二パーセントです。

千葉県では、近年、二つの新しい品種が開発されています。一つは、大きなことが特徴のラッカセイです。これは、大きさや味が従来のものより「勝る」という意味を込めて、「オオマサリ」という品種名になっています。

オオマサリは、二〇一〇年に、品種登録されました。一九九三年から長い年月をかけて、一七〇〇を超える系統の中から、選抜されてきたといわれています。「ナカテユタカ」という品種を母親とし、超大粒の品種「ジェンキンスジャンボ」を父親として生まれたものです。

オオマサリは、従来からよく栽培されて食べられている「サトノカ」という品種と比べると、収量は約一・三倍であり、果実の大きさは約二倍であるといわれます。果実がやわらかく、甘みがあるのが大きな特徴の品種です。

二つ目は、品種名が「千葉P114号」で、品種登録が二〇一八年一〇月一〇日になされた「Q《キュー》なっつ」という品種です。千葉県知事が出席して、新品種の名前が発表され、話題となりました。

千葉県知事というとかたくるしい政治家が思い浮かぶかもわかりません。でも、新品種の発表会の写真が報道されると、多くの人が気づきました。現在の千葉県知事は、一九七

ラッカセイの株と果実

〇年代に、歌手やタレントとして活躍された、森田健作さんなのです。

「Qなっつ」というのは、「変わった名前」との印象があります。この名前は一般公募されたもので、ピーナッツの「P《ピー》」をアルファベットの順で越える「Q《キュー》」が使われています。「なっつ」はピーナッツの「ナッツ」と同じく、「硬い果実」という意味です。

二〇一八年一〇月には、商品として販売されはじめ、名前の商標登録が二〇一九年三月一日に行われました。果実は、はっきりした甘みで食べやすい味といわれ、外観は気品のある白いさやが特徴です。

千葉県には、現在まで、サトノカ、チバハンダテ、ナカテユタカなどという品種がありましたが、いずれも炒《い》りマメに適したおいしい落花生をめざして、一九九八年から開発が進められた結果、生まれたものです。

†なぜ、ラッカセイは、土の中にマメをつくるのか？

ラッカセイに抱かれる疑問の一つは、「なぜ、土の中にマメをつくるのか」というものです。土の中にできるマメには、多くの脂肪が含まれています。「若返りのビタミン」といわれるビタミンEが多く含まれます。土の中に、おいしい栄養たっぷりのマメを実らせることは、虫や鳥などの動物に食べられることから守ることになります。

もう一つの疑問は、カサカサの殻です。「なぜ、あのような殻に包まれているのか」と不思議がられます。同じマメの仲間であるダイズやエンドウ、インゲンマメの莢《さや》と比べると、たしかに変わった姿です。でも、あの殻には、ラッカセイの生き方の秘密が込められているのです。

この植物の原産地は南アメリカのブラジルで、ラッカセイは、もともとそのあたりの河原に育っていました。だから、「ラッカセイは、砂地を好む」といわれます。河原ですから、大雨が降って増水すれば、そのたびに、河原に育っているラッカセイは簡単に流されてしまいます。

ふつうの植物なら、増水で根こそぎさらわれるように流されるのは大変な災難です。しかし、ラッカセイには、そのときがチャンスなのです。土の中につくられていたマメ（タネ）が入った莢は、水にさらわれて流されます。

このときにカサカサの殻が役に立つのです。殻がカサカサなので、水に浮かびます。そうして流されることで、タネが移動します。タネがたどり着くところは、また砂地の河原でしょう。そこが新しい生育地になるのです。

ふつうの植物なら、動物に実を食べられるときに、タネをまき散らされたり、飲み込まれたら、糞《ふん》としてどこかにまき散らしたりしてもらうときに、新しい生育地を獲得できます。しかし、ラッカセイは、土の中にマメ（タネ）をつくります。

そのため、動物には食べられませんから、タネを遠くへまき散らしてもらえる可能性がほとんどありません。すると、生育地を移動したり、生育地を広げたりするチャンスが少なくなります。そこで、ラッカセイは、カサカサの殻を身につけ、新しい生育地に移動する手段としているのです。

ラッカセイに抱かれる疑問の三つ目は、「花が咲いたあと、土の中で果実を実らせるという植物は、他にあるのか」というものです。オオバコ科のツタバウンランや、マメ科のヤブマメ、タデ科のミゾソバなどが知られています。

ラッカセイについて最後に紹介する疑問は、「ラッカセイが土の中でマメをつくるために、どのような性質をもっているのか」というものです。マメができるのが地上であっても地下であっても、葉っぱでつくられた栄養が送られてきてマメができるのは同じです。ですから、ここでは、マメが地下部につくられるための条件を紹介します。

土の中にもぐりこんでマメをつくるのは、花のメシベの下部にある子房とよばれる部分です。花が咲いたあと、この子房を支える柄《え》が伸びだしてきます。この柄は、根と同じように、重力の方向に伸びる性質をもっています。重力というのは、地球の中心に向かって地球上のものを引きつける力です。

そのため、伸びだしてきた柄は、重力の方向、すなわち、下向きに伸びて、地表面に接触します。この柄が土にもぐるためには、土は適切な硬さでなければなりません。あまり硬くてはもぐれませんが、やわらかすぎても、刺激が弱いので、子房はマメをつくりはじめません。このときの土と接触する刺激で発生するエチレンという物質が、土の中でマメをつくるためには必要なのです。

土の中にもぐる理由は、ラッカセイの子房がマメをつくるためには、暗黒であることが必要だからです。そのために、柄が伸び、子房は土の中の暗い場所にもぐります。土にもぐった子房の部分には、根から水や養分が送られてきます。しかし、土の中では、マメを作る子房の部分が、根からだけでなく、水や養分を直接に吸収しています。

ラッカセイが土の中でマメをつくる仕組みについては、はっきりとわかっているものではありませんが、ここで紹介したようなものが考えられています。

†波打たないシソの葉っぱ

シソは、中国を原産地とする植物で、平安時代から日本で栽培されています。この植物の葉っぱにはさわやかな香りがあり、この植物は「和製ハーブ」といわれることもあります。香りには、リモネンやピネンという香りの成分が含まれていますが、「ペリラ（ル）アルデヒド」が香りの中心です。

この植物の学名は、「ペリラ　フルテスケンス」です。「ペリラ」は、この植物の属名であり、英語名でもあります。「フルテスケンス」は、「背丈が低い木のような」を意味する語です。

香りの「ペリラ（ル）アルデヒド」には、抗菌作用が強く、細菌の増殖を抑える作用があります。そのため、食べ物が腐るのを抑えます。「大葉」とよばれる青ジソの緑の葉っぱが刺身などに添えられるのは、彩りがよくなるだけではなく、この効果が期待されてのものです。香りの抗菌作用で、生身の魚が傷むのを防ぐことができるのです。

シソには、葉っぱが赤色（紫色）の「赤ジソ」と、葉っぱが青色（緑色）の「青ジソ」があります。赤ジソが原種とされています。この植物は、「命を蘇《よみがえ》らせる紫の草」といわれ、漢字では、その意味を込めて、「紫蘇」と書かれます。

この名前は、「カニによる食中毒で死にかけていた若者が、この植物の葉っぱを煎《せん》じて飲んだところ、たちまち元気になって命を蘇らせた」という、中国の古い言い伝えに由来するといわれます。

刺身に添えられている青ジソの葉っぱ（大葉）の全国一の生産地は、愛知県です。愛知県は、フキやトウガン、ギンナンなどの生産量で全国一ですが、青ジソの生産でも全国一です。生産量は年にもよりますが、国内産の約五〇パーセントを占めます。そのほかの青ジソの産地は、静岡県、茨城県、大分県などが知られています。

愛知県で多く栽培されてきた大葉は、「愛経《あいけい》1号」という品種です。「青ジソのよく栽培される品種には、どのような性質が望まれるのか」という疑問があります。ビタミン、ミネラルが豊富に含まれることも大切ですが、刺身に添えられるためには、香りが高いことが望まれます。

それに加えて、刺身に添えられるには、見映えが良いように、丸みのある大きな葉っぱが望まれます。また、新鮮な感じを醸《かも》し出すためと、彩《いろど》りを良くするために、あざやかな緑色であることが強く望まれます。

しかし、この植物の原種が赤ジソであるように、葉っぱには、赤い色素をつくりやすい性質があります。赤い色素ができると、緑色のあざやかさが消えるので、刺身用の青ジソとして好まれません。

二〇一八年三月、愛知県から農林水産省に、「愛経3号」という名前の新品種の登録がなされ、話題になりました。「この品種は、どのような性質をもっているのか」と興味がわきます。従来の品種よりも、一株当たりの収穫量が多いとか、病気に強いなどの栽培する上での特徴があります。

また、従来の品種では、青ジソであっても、葉っぱの裏が赤く着色することがありました。しかし、この品種では、赤い色素がつくられにくく、あざやかな緑色が保たれるという性質もあります。

それらに加えて、この青ジソの最も大きな特徴は、葉っぱの縁の波打ちが少ないということです。「大きな特徴という割には、パッとしない」という印象をもたれるかもしれません。「その性質がどのように役に立つのか」との疑問がもたれます。ところが、葉っぱの縁の波打ちが少ないというのは、刺身に添える青ジソには、大切な性質なのです。

この性質は、出荷の際の運搬や販売のときに、おおいに役に立つのです。青ジソは、一〇枚くらいの葉っぱを重ねて、一束として出荷され、そのまま販売されます。そのため、葉っぱが波打っていると重ねにくくなります。

波打っている葉っぱを無理に重ねると、葉っぱの縁が傷みます。波打ちが少なく、平たい状態なら、重ねやすいのです。葉っぱを傷めずに、出荷し販売することができるのです。

†タネのない〝単為結果性〟のナスビの誕生

ナスは、インドが原産地の野菜で、タバコ、ジャガイモ、トマト、ピーマンなどと仲間のナス科の植物です。日本では、奈良時代から食べられている野菜です。この植物の英語名は、「エッグプラント（egg plant）」で、果実の形がタマゴに似ているからでしょう。

ナスは、「ナスビ」や「オナス」ともいわれます。ナスが日本に来た当時、奈良時代の呼び名は、「ナスビ（奈須比）」でした。今でもナスビとよぶ地方は、多くあります。「ナスビ」の語源には、いろいろな説があります。

夏に実がなるので、「夏の実（なつのみ）」といわれ、「なつみ」となり、「ナスビ」になったというのが有力です。また、中が酸《す》っぱい実なので、「中酸実（なかすみ）」といわれ、「なすみ」となり、「ナスビ」になったともいわれます。

「オナス」については、室町時代以降に、宮中に仕える女官の言葉づかいから生まれたものとされます。言葉の先頭に「お」をつけ、語尾を省略するというものです。「オナス」は、「ナスビ」に「お」がつけられて、「おナスビ」となりますが、語尾の「ビ」が省略されて「オナス」となりました。その後、「お」がとられて、「ナス」になったようです。

その当時に、「お」がつけられて、語尾を省略されて、そのまま現在でも残っている言葉があります。たとえば、「おにぎり」です。もとは「握り飯（にぎりめし）」です。「お」がつけられて「お握り飯」になりますが、語尾の「飯」が省略されて、「おにぎり」となりました。「おかき」、「おこわ」、「おでん」なども、その例です。「おかき」のもとは「欠《か》き餅《もち》」、「おこわ」のもとは「強飯《こわめし》」、「おでん」のもとは「田楽《でんがく》」でした。

ナスの果実の皮は、光が強く当たるほど、きれいな艶《つや》のある紫色になります。この色は、「健康に良い」といわれるアントシアニンの色です。ナスのアントシアニンは、ナスニンという物質ですが、アントシアニンの一種です。アントシアニンは、有毒な活性酸素を消し去る作用のある抗酸化物質です。

また、ナスには、水分が多いので低カロリーで、ビタミン、ミネラルも適度に含まれています。ぬか漬けにすると、ぬかに含まれるビタミンB_1がしみ込むので、ビタミンB_1の含有量が増え、栄養的価値がより高まります。

ある種苗会社が、二〇一五年に、漬物で好きな野菜について、アンケート調査をしました。その結果、「漬物で好きな野菜ランキング」において、ナスは、第四位でした。ちなみに、第一位はキュウリ、第二位はハクサイ、第三位はダイコン、第五位はカブでした。

ナスは、ビニールハウスの中で、栽培されることがあります。もしハウス内に、ハチやチョウチョなどの昆虫がいなければ、花粉が運ばれません。ふつう、花の中のメシベに花粉がつかないと、ナスの果実は肥大しないのです。

そのため、花粉をよく運んでくれるセイヨウオオマルハナバチがビニールハウス内に放たれることがあります。ところが、このハチは、「セイヨウ（西洋）」という名がつくように、ヨーロッパが原産であり、特定外来生物に指定されています。このハチが、ハウスから逃げ出すと、日本の生態系を乱す恐れがあります。そのため、ハウス内に網を張ったりしなければならず、扱いが容易ではありません。

そこで、メシベに花粉がつかなくても、ナスの果実を肥大させる方法が工夫されています。果実の肥大を促す「オーキシン」という物質を散布することです。ところが、この方法にも欠点があり、花一輪ずつにオーキシンを散布しなければならないのです。これには、大変な労力が必要です。

そのため、「花粉がつかなくても、果実が肥大する」という性質をもつ、ナスの品種が求められてきました。この性質は、花が咲きさえすれば、虫が受粉しなくても、果実がひとりでに肥大するというものです。この性質は、「単為結果性《たんい》」あるいは、「単為結実性」といわれます。

「そのような便利な品種が、ナスにあるのか」との疑問があります。実際に、そのような品種をつくりだす努力が、長い間、続けられてきたのです。その結果、二〇〇六年に、単為結果性の「あのみのり」という品種が開発されました。さらに、それが改良されて、二〇一四年には、形の良い多くの果実をつくる「あのみのり2号」という品種が育成されています。

近年、単為結果性をもたらす原因となる遺伝子が突き止められました。この遺伝子は、果実の肥大する部分で、オーキシンの量を二〜五倍に増加させるのです。オーキシンは、果実を肥大させることが知られている物質です。そのため、オーキシンを散布すれば、花粉がつかなくても果実を肥大させるのと同じことが、この遺伝子を働かせることでできるということです。

これらの研究と並行して、この遺伝子を身につけた「PC筑陽《ちくよう》」という品種が開発されています。これは、ナスの「筑陽」という有名な品種の性質を単為結果性に変化させたものです。

「PC」は、単為結果性の英語名である「パーセノカーピー（parthenocarpy）」が省略されたものです。ですから、「PC筑陽」は、単為結果性の「筑陽」ということになります。二〇一七年、この品種のタネが新発売され、話題になりました。

トマトやピーマンは、ナスと同じナス科の植物です。そこで、実験的に、オーキシンの濃度を高めることが見出された遺伝子をもつトマトやピーマンがつくられました。その結果、それらのトマトやピーマンにも、単為結果性が現れることが確かめられています。

そのため、今後、ナスで得られたこの研究成果を利用すれば、受粉なしに果実が肥大する単為結果性のトマトやピーマンの実用的な品種が開発されるはずです。トマトでは、単為結果性の品種がすでに開発されていますが、より収量が多い品種の開発が期待されています。

†サクランボの大型化

果物屋さんやスーパーマーケットなどには、多くの品種のイチゴが並んで売られています。どの品種であっても、一昔前のイチゴに比べると、一粒の果実の色がきれいな赤色であることや、粒の形が美しく整っているという特徴が目立ちます。

買って食べてみると、甘くておいしいことはすぐにわかります。品種の改良によって、糖度の高いものがつくられてきているのです。一昔前、イチゴはミルクや砂糖をかけて、つぶして食べていました。近年は、生の実をそのまま食べるようになってきています。昔のイチゴを知る人には、驚くような品種改良が進んでいるのです。

また、近年のイチゴは、一粒の果実が大きいことが一目でわかります。一粒の重さが、かつては約二〇グラムでしたが、近年は、大きい品種が増えており、一粒約五〇グラムや

「ジュノハート」（左）と「佐藤錦」（右）の比較（画像提供：〈地独〉青森県産業技術センターりんご研究所）

八〇グラムのものがパックにまとめられて売られており、一粒一〇〇グラムを超えるものもあります。

　これらは、イチゴの品種改良の目的が大型化に向けられてきた結果です。このイチゴの品種改良の目的が、果実の大きさの割には、タネが大きいサクランボにも及んできています。

　二〇一九年一月に、青森県と地方独立行政法人青森県産業技術センターりんご研究所県南果樹部が開発したサクランボの新品種「ジュノハート」が、夏に青森県内でデビューすることが話題となりました。そして、二〇一九年四月に、ジュノハートを初出荷するとの話題が、全国に流れました。

　この新品種の特徴は、大粒であることです。一番大きい硬貨である五〇〇円玉の直径は、二六・

五ミリメートルですが、ジュノハートの一粒の直径は、出荷されるものの多くが二八〜三一ミリメートルであり、三一ミリメートルを超えるものもあります。

一九九八年に、「紅秀峰《べにしゅうほう》」という品種に「サミット」という品種を交配して育成され、二〇一三年に品種登録されました。「紅秀峰」は、「さくらんぼの王様」といわれる「佐藤錦《さとうにしき》」の子どもに当たる品種で、大玉のサクランボとして知られています。

サクランボといえば、「佐藤錦」を生んだ山形県が、主な生産地として有名です。実際に、出荷量では約七五パーセントのシェアを占めています。青森県のサクランボの出荷量は、二〇一六年では、山形県、北海道、山梨県に次いで、第四位です。

そのため、サクランボの産地としての、青森県の知名度は高くありません。そこで、青森県は、このサクランボの品質の高級感を重視することで、首都圏などへの出荷を目指しています。販路は、百貨店や高級フルーツ店に加えて、ブライダルや宝飾業界が考えられています。

この品種の「ジュノハート」という名前の「ジュノ」は、ローマ神話で結婚生活を守護する女神の名前であり、「ハート」は果実の形に由来します。そのため、結婚式の贈答品としての需要も考えられているようです。

品質の高級感は、「粒が大きく、重さも一粒が約一一グラムであり、色つやが良く、糖度も二〇度と高く、その甘さを引き立たせる酸味も備えている」という特徴から生まれます。それだけでなく、果肉がしっかりしており、日持ちが良いといわれます。

日持ちの良くないサクランボの品種は、運搬に向いていないので、主に観光農園向けに用途が限られてしまいます。それに対し、日持ちが良い品種は、首都圏に出荷され、贈答品としての需要が生まれます。

サクランボの大型化は、「果樹王国」といわれる山形県でも目指されています。数年以内の出荷を目指して、大玉の新品種「山形C12号」の開発が進められています。これは、ジュノハートの母親と同じ「紅秀峰」に、「レーニア」と「紅さやか」という品種を掛け合わせた品種の花粉を交配させてつくられています。

この新品種の商標となる名称が、二〇一八年夏に一般に募集され、二〇一九年六月に、「やまがた紅王《べにおう》」に決定しました。

第七章
香りが話題の植物

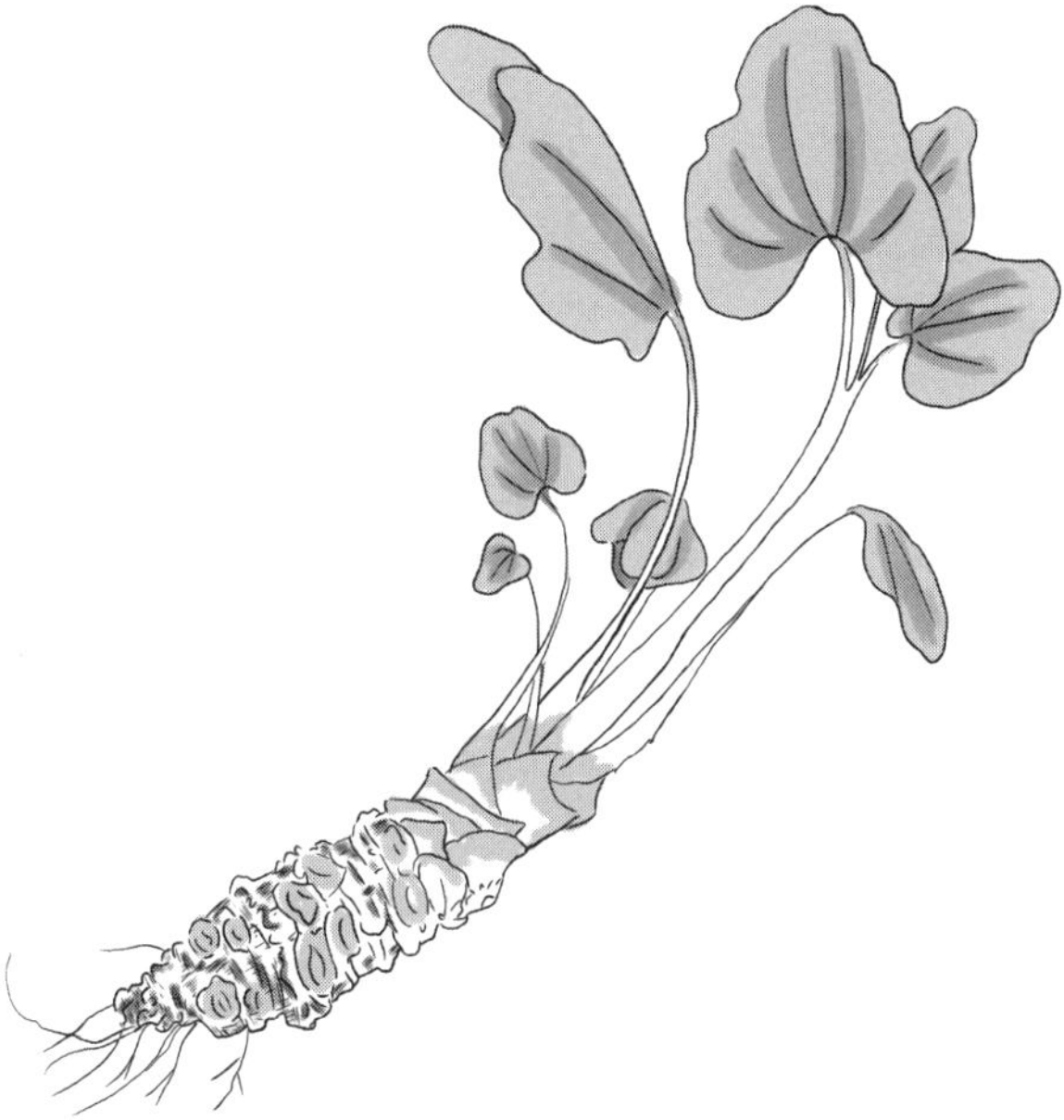

ワサビ

本章では、いくつかの食材植物の香りの話題を紹介します。香りは、「風邪で鼻が詰まると、味を感じない」とか、「鼻をつまんで食べると、味がわからない」などといわれるように、野菜や果物の味を感じるために、大切な働きをしています。

しかし、食材植物の香りは、思いもかけない働きもしています。食材植物からでる香りが、味を感じさせる以外に、どのような話題で活躍しているかを知ってください。

†猛毒アリを退治するワサビの香り

二〇一七年五月、日本には侵入していないとされていたアリの一種、「ヒアリ」が兵庫県で発見されました。古くは、ヒアリの生息地は南アメリカに限られていましたが、現在では、このアリは、北アメリカや中国、フィリピン、台湾などに侵入し、生息しています。

このアリは毒針をもち、それに刺されると、やけどのような激しい痛みを生じることから、漢字名では「火蟻」という字が当てられています。英語では、火（ファイア）と蟻（アント）で、「ファイア・アント（Fire ant）」です。

ただ、このアリに刺されても、その毒で死ぬことはないといわれます。でも、その毒に対するアレルギー反応から、死に至ることもあるようです。そのため、「殺人アリ」といわれることもあります。

体長は二・五〜六ミリメートルで、体の色は赤茶色で、腹部は黒っぽい赤色をしています。そのため、英語名は、「レッド・インポーティッド・ファイアアント」といわれることもあります。「侵入してきた赤茶色のヒアリ」のような意味でしょうか。

ヒアリの学名は「ソレノプシス　インビクタ」で、「ソレノプシス」は、このアリが「トフシアリ属」であることを示します。「インビクタ」は、ラテン語で「強い」や「不屈の」、「無敵の」や「負けなし」などを意味します。そのため、このアリの別の呼び名は「敵なしのアリ」とされます。

日本では、長い間、その姿は確認されず、生息していないとされてきました。ところが、二〇一七年に、中国から神戸港を経由して兵庫県尼崎市に運び込まれたコンテナから、積み荷を取り出すときに、突然、このアリが発見されたのです。「日本で、猛毒アリが発見された」と、大きな話題になりました。

初めて発見されて以来、二年も経過していない二〇一九年二月一八日時点で、一四都道府県で、その姿が確認され、発見されている件数は三八事例になっています。多くの場合、貨物の輸送に用いるコンテナの中で発見されています。そのため、コンテナの移動によって、このアリの生育域の広がりが懸念され、定着を抑えるための手立てが求められてきました。

二〇一九年三月、その攻略法のヒントが見つかり、話題になりました。「猛毒アリの侵入を防ぐのに、ワサビの香りが役立つ」という研究の成果が発表されたのです。その研究は、ヒアリが定着した台湾で、日本人の研究者によって行われ、ワサビの香りがヒアリを退治する可能性が示されたのです。

ワサビは、古い時代から、日本の山の清らかな渓谷の清流の中に育つアブラナ科の植物です。これは、冷涼な気候と渓流などの日陰を好む日本原産の植物です。葉っぱの形が、江戸幕府の将軍家であった徳川家の家紋に使われているアオイ（葵）の葉っぱに似ています。そのため、漢字では「山葵」という字が当てられています。

ワサビの学名は、日本固有の植物であるとの立場から、「ワサビア　ヤポニカ」が多く使われます。「ワサビア」は、ワサビ属であることを示します。和名のワサビの語尾に「ア」がついているのは、学名はラテン語を使うと決められているため、ラテン語化されたものです。これを形容する言葉として「ヤポニカ」という「日本生まれの」を意味する語がついています。ですから、「ワサビア　ヤポニカ」は、「日本生まれのワサビ属の植物」ということになります。

これに対し、ワサビの学名は、「エウトレマ　ヤポニカム」とされることもあります。「エウトレマ」は、ワサビ属であることを示しますが、「美しい（エウ）穴（トレマ）」を意味する語句です。この穴は、ワサビの根茎《こんけい》にある葉っぱがついていた跡を指すのか、果実やタネの表面にあるデコボコに由来するのかは定かでありません。

この植物は、日本原産のものであるため、英語名は和名と同じ「ワサビ（wasabi）」です。同じアブラナ科のよく似た植物に、ヨーロッパ原産のホースラディッシュがあるため、この植物は「ジャパニーズ・ホースラディッシュ」ともよばれることがあります。ホースラディッシュは、和名では、セイヨウワサビといわれ、粉ワサビやチューブ入り練りわさびの原料として使われています。

ワサビの食用部になる根茎には、「シニグリン」という物質が含まれています。これは、ワサビの刺激的な香りと強い辛みのもとになる物質です。これ自体には、香りも辛みもありません。根茎をすり潰《つぶ》すと香りと辛みが出てくるのは、すり潰すときに出てくる汁の中に、「ミロシナーゼ」という物質が含まれているからです。

ミロシナーゼが、シニグリンと反応すると、「アリルイソチオシアネート」という物質ができます。これが、ワサビの刺激的な香りと辛みの正体です。ですから、多くの汁がでるように、なるべく丁寧にきめ細かくすり潰すと、ワサビの香りと辛みがよくでるのです。アリルイソチオシアネートには、ワサビ特有のピリッとした香りと辛みがあります。これが、食用のワサビに求められます。また、ピリッとした香りと辛みは、食用だけではなく、世の中を風刺する川柳や時事漫画などにも使われます。これらで、「ワサビが効いている」といわれると、ピリッと風刺が効いているという褒め言葉になります。

このワサビの香りには、カビの繁殖や、細菌の増殖を抑制する抗菌効果があることが知られています。といっても、「ワサビの香りに、ほんとうにそのような効果があるのか」と、疑問に思う人もいます。でも、ワサビの香りがカビの繁殖を抑える効果をもつことは、実験で容易に確かめることができます。

二つの密封できる容器を準備し、両方の容器の中に、カビの生えやすいお餅のような食べ物を入れます。そして、一方には、香りを強く発散させている、すり潰したワサビを入れた小さな容器を入れて、密封します。もう一方には、ワサビを入れない小さい容器を入れて密封します。

これらを暖かい場所に置いて、何日かが経過すると、ワサビを入れない小さい容器を入れた方のお餅には、カビが生えてきます。しかし、香りを強く発散させているワサビを入れた小さな容器を入れた方には、カビはなかなか生えてきません。

ワサビの香りにはそのような効果があるので、ワサビの香り成分を含んだカプセルを練り込んだ「ワサビシート」がつくられています。これは、お弁当や駅弁、お惣菜やおせち料理などの日持ちを長くするのに利用されている薄い透明なシートです。このワサビシートが、ヒアリを退治するための実験に使われました。

実験では、アリの餌《えさ》とワサビシートがいっしょに入った小さな容器と、餌とワサビの香りと辛みが練り込まれていない「ワサビ抜きシート」がいっしょに入った小さな容器が一〇個ずつ、四〇分間、巣の近くに置かれました。容器には、アリが餌に近づくために入れる小さな穴があけられていました。

その結果、ワサビ抜きシートが入れられた容器には、一個について、平均一五七匹のヒアリが入り込み、餌に群がりました。それに対し、ワサビシートの入った容器には、ヒアリは一匹も入らなかったのです。

ワサビシートが入った容器では、ワサビの香りが強いために、ヒアリが餌を見つけられない可能性もあると考えられました。そこで、餌にヒアリを群がらせたあとに、ワサビシートといっしょにする実験も行われました。この場合、容器の中の餌に引き寄せられていたヒアリは、すべて死にました。

これらの結果から、ヒアリはワサビの香りを嫌って近づかないこと、そして、ワサビの香りを嗅ぐと、ヒアリは死んでしまうことが考えられます。そのため、ワサビシートで積み荷などを覆うと、ヒアリが紛れ込むのを防ぐことが考えられます。もし紛れ込んだとしても、そのアリは死んでしまい、アリが移動して広がるのを抑えられそうです。

こうして、二〇一九年三月「猛毒アリを退治するワサビの香り」として、アリルイソチオシアネートの力が世間に知らされたのです。しかし、それ以前にも、この香りが話題になったことがあります。次項で紹介します。

†火災警報装置に使われるワサビの香り

二〇一一年の秋、ワサビの辛み成分であるアリルイソチオシアネートの刺激的な香りが大きな話題になりました。この香りを使ったある製品が、イグ・ノーベル賞の化学賞を受賞する対象になったのです。

イグ・ノーベル賞というのは、一九九一年に、アメリカで創設されたもので、「ユーモアにあふれ、考えさせられる独創的な研究」に与えられるものです。「イグ」は反対を意味し、「うしろに続く言葉を否定する語句」といわれます。ですから、イグ・ノーベル賞は、「裏のノーベル賞」といわれることもあります。

二〇一一年に、これを受賞したのは、煙を感知すると、ワサビの刺激的な香りが噴出する火災警報装置をつくった日本人の研究グループでした。火災警報装置の中に、ワサビの香りが詰められたスプレーが置かれていました。

火災警報装置には穴が開けられていました。火事の煙が感知されると、その穴から、音が出てくるのではなく、刺激的なワサビの香りが噴き出てくる仕組みになっています。

火災警報装置には、音が鳴り響く警報装置がすでにあり、広く普及しています。そのため、「わざわざ、刺激的なワサビの香りを使って知らせる火災警報装置をつくる必要があるのか」という疑問が浮かびます。この装置は、火災という危機を聴覚に訴えるのではなく、嗅覚に訴えようとするものです。

日本では、「火災警報装置の音が聞こえない人、あるいは、聞こえにくい人がすでに六〇〇万人いる」といわれます。近年でも、聴覚に障害のある人や、耳が少し聞こえにくい人が増えています。

今後、高齢者が増える社会では、その人数はますます増加することが考えられます。このような人々には、音で知らせる火災警報装置は役に立ちません。そこで、嗅覚に訴え、確実に気づかせる香り、目覚めさせる香りが探し求められていたのです。

香りには、いろいろな種類があります。「なぜ、さまざまな香りの中から、ワサビの香りが使われたのか」という疑問がおこります。それに対し、「ワサビの花言葉は「目覚め」だから」といわれることがあります。

たしかに、ワサビの花言葉には、食べたときにでる涙にちなんで「うれし涙」がありますが、もう一つに「目覚め」があります。しかし、そのために、ワサビが火災警報装置から噴出する香りとして選ばれたわけではありません。

ワサビの香りが選ばれるまでには、他のいろいろの香りが試されました。その結果、もっとも安全に、確実に、多くの眠っている人を目覚めさせるものとして、ワサビの刺激的な香りが選ばれたのです。

ここで紹介した、ワサビの香りを使った火災警報装置以外に、いく人かの日本人が、イグ・ノーベル賞を受賞して、話題となっています。たとえば、二〇一三年には、「なぜ、タマネギを切り刻むと、涙がでるのか」との疑問に答えるしくみの解明と、切り刻んでも涙が出ないタマネギの作出という研究の成果で、日本人の研究グループが化学賞を受賞しました。

食材植物を対象としているものなので、次項で紹介します。

†切り刻んでも、涙が出ないタマネギ

タマネギは、そのままの状態では、目に近づけてじっと見つめていても、涙は出てきません。ところが、切り刻んだタマネギに近づくと、揮発性《きはっせい》の物質が目にしみて、涙が出ます。そのため、「なぜ、タマネギを切り刻むと、涙をださせる揮発性の物質がつくられるのか」との疑問がもたれます。

タマネギは、切り刻まれる前に、涙を出させる成分をもっていないのです。涙を出させる成分の原料となる物質と、それを涙を出させる成分に変化させる物質が、タマネギには含まれています。

ところが、この二つの物質は、切り刻まれるまでは、タマネギの中では出合わないようになっています。ですから、二つの物質は反応しません。そのため、涙を出させる成分はつくられないのです。

タマネギを切り刻むと、その二つの物質が出合い、「涙を出させる物質（催涙《さいるい》成分）」がつくられます。切り刻むと出てくる汁の中に含まれる催涙成分の原料となる物質を、催涙成分に変化させる物質は、「アリイナーゼ」と考えられてきました。

そのため、従来は、タマネギを切り刻むと涙が出る現象は、「タマネギを切り刻むと出てくる汁の中に「アリイナーゼ」が含まれており、これが催涙成分の原料となる物質と反応すると、タマネギの「催涙成分」がつくられる」と説明されてきました。

ところが、「催涙成分の原料となる物質に、切り刻んで出てくる汁を作用させると「催涙成分」ができるが、汁からアリイナーゼだけを取り出して反応させると、催涙成分ができる前の「中間物質」がつくられ、「催涙成分」はつくられない」という実験結果が得られたのです。

ということは、催涙成分がつくられるためには、アリイナーゼが働いて中間物質がつくられたあとに、タマネギを切り刻むと出てくる汁の中に含まれている「アリイナーゼ以外の物質」が働いていることになります。

結局、「タマネギを切り刻むと、催涙成分がつくられる」というしくみは、二段階に分けられるということです。一段階目では、アリイナーゼが働き、そのあとの二段階目で、催涙成分をつくるための物質が働くことになります。

二〇一三年、イグ・ノーベル賞を受賞した人たちは、二段階目に働く物質を突き止め、「催涙因子合成酵素」と名づけました。そして、「その物質が働かない条件をつくれば、催涙成分はつくられないはずだ」と考えました。

そこで、受賞者らは、遺伝子の導入という技術を使って、二段階目の催涙因子合成酵素が働かないようにしたのです。その結果、切り刻んでも涙の出ないタマネギがつくり出されました。ところが、遺伝子の導入という技術を使っているため、安全性を確認するための審査などを受けなければならず、このタマネギは市販されるに至っていませんでした。

遺伝子を導入した涙の出ないタマネギを作出するためには、二段階目の反応が止められ、催涙成分はできなかったのです。しかし、もし一段階目のアリイナーゼが働かないようにしても、催涙成分はつくられないはずです。

二〇一五年三月、新しい「涙の出ないタマネギ」の作出に成功したとの発表があり、再び話題になりました。このときには、一段階目のアリイナーゼが働くところで、それを働かせないような品種が育成されたのです。

アリイナーゼが働かなければ、中間物質はつくられず、そのあとの二段階目の反応は進みません。ですから、催涙成分はつくられません。その結果、切り刻んでも、涙が出ないタマネギができたのです。

このときの「涙の出ないタマネギ」の作出には、遺伝子の導入の技術は使われていませんでした。ですから、そのあと、このタマネギは市販されるようになりました。でも、このタマネギには、少し心配なことがあります。

一段階目のアリイナーゼの働きを止めてしまうと、催涙成分がつくられません。催涙成分は、タマネギの辛みを担っている成分でもあります。ですから、辛みが減ったタマネギになります。

ところが、これが幸いなことに、つくられた「涙が出ないタマネギ」は、水でさらさなくても辛みが弱いということです。水にさらさなくても、オニオンスライスがつくれるタマネギができたのです。このタマネギへの当初の心配は、逆に強みになっているのです。

このタマネギは、二〇一五年、「スマイルボール」という名前で初めて市販され、大きな話題になりました。近年は、北海道夕張郡栗山町で栽培され、その地名にちなんで、スマイルボール「栗山町スイート」とよばれています。毎年秋には、この「涙が出ないタマネギ」が出荷、発売されたと話題になります。

†ブロッコリーの人気の秘密は？

ワサビの刺激的な香りと辛みであるアリルイソチオシアネートは、イソチオシアネートと総称される物質の一つです。このイソチオシアネートの仲間に、ブロッコリーに含まれる「スルフォラファン」という物質があります。

二〇一七年二月、金沢大学の研究グループから、ブロッコリーに含まれるスルフォラファンに、肥満を抑える効果があるとの研究成果が発表され、話題となりました。スルフォラファンは、一九九二年に、アメリカのジョンズ・ホプキンス大学のポール・タラレー博士などにより、発見された物質で、「発ガン物質を無毒化したり、発ガン物質を体外へ排出したりする」といわれます。

話題となった、肥満を抑える効果の発見は、マウスを使って行われました。高脂肪の餌をマウスに食べさせ、その餌にスルフォラファンを加える場合と、加えない場合で、マウスにどのような影響がでるかが調べられたのです。

スルフォラファンが餌に加えられている場合、加えられていない場合と比べて、マウスの体重の増加は約一五パーセント抑えられ、内臓脂肪の増加は約二〇パーセント抑えられました。これらの効果は、スルフォラファンが脂肪を燃焼させる働きのある「褐色脂肪《かっしょく》細胞」が活性化された結果と考えられました。

褐色脂肪細胞とは、運動をしなくても脂肪を燃やして熱を発生させる作用をもつ細胞です。そのため、「やせる細胞」とよばれることもあります。この褐色脂肪細胞を活発に働かせる食材がわかると、それを食べていれば、運動をしなくても肥満にならないということになります。

そこで、褐色脂肪細胞を活性化する食材や、その成分が調べられてきました。その結果、カラシの辛み成分であるアリルイソチオシアネート、トウガラシの辛み成分であるカプサイシン、トウガラシの非辛み成分であるカプシエイト、ショウガのパラドール、コーヒーのカフェイン、グレープフルーツの香気成分であるリモネンなどが、褐色脂肪細胞を活性化することがわかっています。

これらの物質を摂食することにより、交感神経が活発になり、ノルアドレナリンというホルモンが分泌されます。それが、褐色脂肪細胞を活性化し、脂肪の燃焼を盛んにするという仕組みが考えられています。

スルフォラファンを多く含むことで知られるブロッコリーは、ダイコンやハクサイと同じアブラナ科の植物で、原産地はイタリアを中心とする地中海沿岸地方です。この植物は、カロテン、ビタミン、ミネラル、食物繊維を多く含み、欧米では、「栄養宝石の冠《かんむり》（クラウン・オブ・ジュエル・ニュートリション）」とよばれます。

ブロッコリーという名前は、ラテン語の「突き出た」や「突起」を意味する「ブロッカス」にちなみます。原産国といわれるイタリアでは、「若い芽」や「茎や芽」を意味するといわれる「ブロッコ」とよばれ、これが転じて、英語名の「ブロッコリー」になりました。

ブロッコリーは、日本には、明治時代にもたらされました。しかし、一般に、食用として普及するのは、第二次世界大戦以後です。近年は、その栄養的な価値が認められてよく食べられています。

二〇一五年、厚生労働省が「国民健康・栄養調査」（二〇一二年実施）をもとに発表した「日本人によく食べられている野菜のランキング」では、第一位から順に、ダイコン、タマネギ、キャベツ、ハクサイ、ニンジンなど、比較的古くから食べられてきた身近な野菜が並びますが、ブロッコリーは第一三位に位置しています。

ブロッコリーは、アブラナ科のキャベツの仲間ですが、緑色の多くのツボミをもち、一風変わった姿をしています。多くの人が、「この野菜の食用部の一株に、何個のツボミがあるのか」と気になるようです。あるテレビ番組で数えられました。

その結果、そのときの一株には、三万三三三六個のツボミがありました。このツボミとそれをつけている柄《え》の部分が、この野菜の食用部分です。よく似たものが、緑色のツボミではなく、多くの白色のツボミを食用部分とするカリフラワーです。

†グレープフルーツで、若づくり!

グレープフルーツという果物は、一〇年くらい前には、果物屋さんやスーパーマーケットなどに山積みにされて売られていました。その当時、多くの人に食べられている果物だったのです。ところが、近年は、そのような姿を見かけません。しかも、若い人には、この果物の名前さえ、知られていないこともあるようです。

そのような状況が、グレープフルーツ離れを象徴するように、二〇一九年一月、「グレープフルーツの消費が、一〇年間で六割減少」という見出しで、メディアでの話題に取り上げられました。これは、総務省が、二〇二〇年の家計調査を行う項目の改定案を発表し、それについての意見を募集したことがきっかけでした。

その中で、食材となる植物については、グレープフルーツだけが改定案に入っていました。これまでは、グレープフルーツは一つの項目として消費支出が調べられていました。ところが、改定案では、独立した項目をやめて、グレープフルーツを「他の柑《かん》きつ類」の中に統合するということになりました。

その理由は、グレープフルーツの消費が著しく減少しているためでした。二人以上の世帯で、一年間に消費する額が、二〇〇八年には、全国平均で、五八九円だったのが、二〇一七年には、二三一円しか支出されていないというのです。

これは、一年間に二三一円しか使われていないことと同時に、二〇〇八年と比べて、六割も減ったことになります。二〇一七年のリンゴの消費額は四二五七円、ミカンの消費額は三七五七円、ブドウは二二一四円、イチゴは二六二九円です。

この果物は、西インド諸島が原産地で、ブンタンの自然雑種として生まれました。学名は、「シトラス　パラディシ」で、「パラディシ」はパラダイス（楽園、天国の意味）ですから、「楽園の樹の実」といわれます。また、さわやかな香りは、パラディシとの連想つながりから「天国の香り」と形容されます。アメリカのフロリダやカリフォルニアで盛んに栽培されています。

「グレープフルーツ」とよばれますが、グレープ（ブドウ）とは果実の味も色も形も似て

グレープフルーツの木（画像提供：PIXTA）

いません。「なぜ、グレープフルーツとよばれるのか」と不思議がられます。身近に、この果実のなるところを見かけませんが、果実のなり方が、一本の枝にたくさんの実が並んでぶら下がり、ブドウ（グレープ）のように房状に見えるのです。

グレープフルーツの香りが話題になったことは、他にもあります。たとえば、二〇〇五年、グレープフルーツの香りは、「歳を若く感じさせる香り」として話題になりました。これは、アメリカのシカゴにある「匂いと味覚研究所」のアラン・ハーシュという研究者が、次のような調査をしたことによるものです。

さまざまな年齢の人のからだに、いろいろ

な香りをふりかけて、人前に出て、「何歳に見えますか」と尋ねるのです。たとえば、バナナやブロッコリー、ラベンダーやスペアミントなどの果物や野菜やハーブの香りを身につけて、男性の前に現れ、「私は何歳に見えますか」と年齢を尋ね、答えてもらう実験をしたのです。すると、ほとんどの香りを身につけている場合は、年齢相応に見えました。

ところが、「グレープフルーツの香りを身につけた中年女性だけが、年齢を六歳若く見られる」ということがわかったのです。ただ、不思議なことに、グレープフルーツの効果は、男性が身につけても効果が現れないということでした。ですから、グレープフルーツの香りは、「中年女性だけを、若く感じさせる香り」で、〝若づくり〟に役に立つということになります。

グレープフルーツの香りについては、二〇〇五年に、大阪大学の研究グループが、「嗅《か》ぐだけで、ダイエットの効果がある」と発表しています。実際に、その効果がどれくらい大きいかは不明です。でも、この香りの成分の働きを考えると、一応理論的な裏づけをすることはできます。

グレープフルーツには、香気成分として「リモネン」や「ヌートカン」が含まれています。これらの香りは、交感神経を刺激します。交感神経というのは、興奮と緊張状態をもたらすので、エネルギーが消費されて、それを補うために脂肪が燃焼します。そのため、「この香りを嗅ぐだけで、痩《や》せる」ということになるのです。

グレープフルーツの香りがダイエットの効果をもたらす仕組みについては、脂肪が燃焼するだけでなく、「リモネンが食欲を直接に抑えることで、食べものを摂取する量が減るために、痩せる」という可能性も考えられます。

ハエを使った実験ですが、リモネンの香りを嗅いだものは、香りを嗅がなかったハエに比べて、餌を食べる量自体が減少する結果が得られているからです。私たち人間に当てはめてみると、興奮と緊張状態で食欲が減退してしまうということかもしれません。

グレープフルーツは、このような興味深い効果をもつ果物なのですが、人気がなくなってきています。食べにくいのかもしれませんが、果実を包丁で上と下の二つに分け、その切断面からスプーンで果肉をすくうように取り出せば、容易に食べられます。

果肉を食べ終わったあとは、手のひらに載せて、ギュッと搾《しぼ》ります。果汁が出てくるので、それをスプーンで受けて飲みます。何度かこれを繰り返して、果汁を最後まで搾って飲むのです。「これが、正しいグレープフルーツの食べ方だ」と、アメリカ人に教えてもらったことがあります。

「わざわざ教えてもらうほどの方法でもない」と思う方もおられます。私もそう思いましたが、そのとき食べていたのがアメリカのカリフォルニア産のグレープフルーツだったので、「ありがとう」と言っておきました。

この項の冒頭で紹介したように、総務省は、家計調査の改定案で、「グレープフルーツ」の項目をやめて、「他の柑きつ類」の中に統合する」ということで、二〇一九年の一月から二月にかけて、国民に意見を募集しました。ところが、これに対する意見の提出はなかったようでした。そのため、原案の通り、「他の柑きつ類」の中に統合されてしまうようです。

第八章
認知症を予防する植物たち

チャの花

二〇一五年一月、厚生労働省が、「わが国の認知症高齢者の数は、二〇一二年で約四六二万人と推計される」と発表しました。ある調査では、「認知症は、自分が最もなりたくない病状の第一位であり、親になってほしくない病状の第一位でもある」といわれます。総務省の二〇一七年の推計では、高齢者とされる六五歳以上の人口は、三五〇二万人とされています。ですから、厚生労働省の「認知症高齢者の数は、約四六二万人」という数字に基づくと、現在ですでに、六五歳以上の高齢者の約七・五人に一人が認知症患者であると推計されます。

今後、社会の高齢化が進むと、認知症の患者数はさらに増えていくと考えられます。厚生労働省の推計では、「二〇二五年には、認知症患者の数は約七〇〇万人であり、六五歳以上の高齢者の約五人に一人に達する」と見込まれています。

認知症の患者数に加えて、その前段階である「軽度認知障害」の人数は、二〇一七年の推計では、約四〇〇万人といわれます。そのため、現在、高齢者の約四人に一人が認知症、あるいは、その予備軍ということになります。

現在、認知症に対する治療方法や予防方法は、医学的に確立していません。しかし、一方では、予防効果があるという研究成果にかかわる食材植物があります。本章では、それらについて紹介します。

†アルツハイマー型認知症の原因は？

認知症といわれる症状には、「三大認知症」として、アルツハイマー型、血管性型、レビー小体型があります。そのほかに前頭側頭型などもありますが、よく知られているのが、アルツハイマー型認知症（アルツハイマー病）です。これは、認知症の代表的なもので、現在の全認知症患者の中の約六〇パーセントを占めます。

この病気は、脳にアミロイドβ《ベータ》という物質が集まって蓄積することが原因とされています。アミロイドβは、高齢化とともに脳の中に増加してくるタンパク質の一種であり、これが脳に蓄積してくると、脳の神経細胞が正常に働かなくなり、認知症の症状が現れます。

現在、アルツハイマー型の認知症は、根本的に治療する方法は見つかっていません。ですから、アルツハイマー型の認知症は、発症を予防するか、進行を遅らせるしか方法がありません。

そのためには、アミロイドβの脳における蓄積を防ぐことが必要です。医学的な方法で予防し、進行を遅らせることが考えられますが、植物たちがそれに役立つ成分をもっていることが話題になることがあります。

植物たちが、私たちが認知症になることを防いでくれることに少しでも貢献してくれることを願って、認知症を予防する植物たちや、それらを材料にした飲み物や食べ物を紹介します。

ビールの苦みの成分は?

多くの植物は、一つの花の中に、オシベとメシベをもちます。しかし、オシベだけをもつ雄花《おばな》を咲かせる株と、メシベだけをもつ雌花《めばな》を咲かせる株が、別々の個体である植物があります。このような植物は、植物学的には、「雌雄異株《しゆういしゅ》」といわれます。

身近な植物では、イチョウ、サンショウ、アスパラガスなどが、雌雄異株の植物です。ですから、イチョウでは、雌株だけがギンナンを実らせます。サンショウは、雌雄異株であることが意外と知られていないので、「なぜ、家に育っているサンショウの木は、花を咲かせるのに、果実を実らせないのか」と不思議がられることがあります。また、アスパラガスでは、「雄株の方がおいしい」といわれます。

そのような雌雄異株の植物の一つに、ホップがあります。これは、以前はクワ科とされていましたが、現在は、アサ科の植物です。原産地はヨーロッパで、ホップは、日本には、明治時代の初めに渡来し、和名はセイヨウカラハナソウ（西洋唐花草）です。

この植物は、ビールの苦みを出す原料となる植物です。日本では、主に、北海道や東北地方などで栽培されています。ホップの雌株には、松かさに似た花のような毬花《まりばな》（球花）とよばれるものができます。受粉しない場合は「バージン毬花」といわれ、ビールの苦みを取り出すのに、これが主に用いられます。

ホップの毬花

毬花には、「ルプリン」とよばれる黄色の粒子が含まれており、その中に「フムロン（アルファ酸）」という物質が含まれています。ルプリンやフムロンは、変わった名前ですが、ホップの学名「フムルス　ルプルス」に由来するものです。

「フムルス」は、カラハナソウ属を示し、ラテン語で「大地」を意味し、ツル性の植物なので、大地を這《は》うように育つ姿に由来するといわれます。「ルプルス」は、「オオカミ（狼）」を意味する、ラテン語の「ルプス」にちなむといわれます。ツル性の植物なので、「まわりの植物に絡《から》みつく様子が狼のようだ」とつけられた名前かもしれません。

「フムロン（アルファ酸）」は、ビールをつくる過程で、「イソフムロン（イソアルファ酸）」に変換されます。これが、ビールの苦みとなる成分です。イソフムロンというより、イソアルファ酸とよばれることが多くあります。この物質が、アミロイドβの脳での蓄積を減少させることが知られているのです。

二〇一六年一一月に、東京大学と学習院大学、キリン株式会社の共同研究として、「ビールの苦み成分が、アルツハイマー病の予防に役立つ」との発表がなされ、話題となりました。ビールの苦み成分とは、イソアルファ酸のことです。

アルツハイマー病を確実に発症するマウスが、実験用につくられています。このマウスには、アルツハイマー病の原因となるアミロイドβが早期に蓄積するように遺伝子が組み込まれています。

このマウスを、イソアルファ酸を含む飼料を与えるグループと、含まない飼料を与えるグループに分けて、比較したのです。イソアルファ酸を与えないグループのマウスの脳には、与えたグループのマウスより、アミロイドβが多く蓄積しました。この結果は、イソアルファ酸がアミロイドβの蓄積を少なくすることを示しています。

この原因は、イソアルファ酸がミクログリアという細胞の働きを活性化するためと考えられています。ミクログリアは、脳の中に存在し、アミロイドβを除去する作用をもっているものです。ですから、ミクログリアが活発に働くようになると、アミロイドβの蓄積する量が減るのです。

これらの結果は、ビールを飲んでいれば、アルツハイマー型認知症が予防できる可能性を示しています。また、ビールの苦みの成分、イソアルファ酸にその効果があるのですから、イソアルファ酸が入ったものなら、ノンアルコールのビールにも、認知症予防効果があることになります。

ビールを飲んでアルツハイマー型認知症を予防できるのならば、「どのくらい飲めばいいのか」という疑問が生まれます。しかし、研究に使われたのは、人間ではなく、アルツハイマー病を発症するように仕組まれたマウスです。

そのマウスに与えたイソアルファ酸の量を参考に、「人間の場合、どのくらいのビールを飲めばいいか」という数値を出すのには慎重にならなければならないでしょう。ビールには、アルコールも含まれており、その影響も考慮しなければなりません。そのため、残念ながら、現在までのところ、どれくらい飲めばいいかという量は、この研究を行った人たちからは、発表されていません。

ビールのライバルの一つは、ワインです。「ビールの苦み成分に認知症の予防効果があるのなら、ワインにそのような効果はないのだろうか」との興味がわいてきます。ワインも、ビールに負けてはいません。赤ワインの効果について、次項で紹介します。

†赤ワインも負けていない!

一九九一年、フランスのセルジュ・ルノー博士により、アメリカの人気ニュースショーである「60 minutes」という番組で、「赤ワインを飲んでいれば、心臓病を予防できる」と発表され、話題になりました。

赤ワインには、ポリフェノールとよばれる物質が豊富に含まれており、このポリフェノールによる効果と考えられました。その後、世界的な科学誌の「ネイチャー」に、「心臓病を防ぐには、赤ワインが有効だ」という説を裏づける論文が発表されました。ですから、この話は、科学的な根拠を得ているということになっています。

二〇〇三年、日本では、「赤ワインには、心臓病を予防する効果だけでなく、アルツハイマー型認知症を予防する効果もある」との研究の結果が発表されました。この研究成果は、赤ワインに含まれるポリフェノールの一種であるミリセチンがアミロイドβの凝集を防ぐことや、凝集していたアミロイドβを減少させる働きのあることをもとに発表されています。

赤ワインには、ミリセチン以外に、ポリフェノールという物質が多く含まれています。この物質の構造としては、フェノール基を何個かもつものと定義されていますが、私たちの身近にあるものでは、アントシアニン、カテキン、タンニンなどの物質です。

アントシアニンは、植物の花や実に含まれる赤色の色素で、野菜や果物に含まれます。アントシアニンについては、第二章の「サツマイモの新品種の特徴は？」で紹介しました。カテキンは緑茶に含まれる苦みとして知られています。タンニンは、渋みの成分でクリの渋皮や渋柿に多く含まれます。

近年は、ポリフェノールの中でも、レスベラトロールという物質が注目されています。これは、ブドウやラッカセイの茶色の薄皮に含まれる成分です。赤ワインに含まれるこれらのポリフェノールのおかげで、赤ワインはアルツハイマー病を予防するといわれるのです。

このような話を聞くと、「どのくらいの量の赤ワインを飲めば効果があるのか」と、ついつい考えてしまいます。ビールでは、その量について触れられていませんでした。ところが、赤ワインについては、発表されているのです。

この研究発表が新聞に報道されたときの小見出しにもなっていました。「どれだけの量を飲めばいいのか」というのは、多くの人に関心をもたれるのです。発表されたのは、ちょっとうれしい量でした。

赤ワインのアルツハイマー病を予防する効果は、「適量の倍以上」といわれたのです。これなら、「ほろ酔いかげん」まで飲めば、効果があるような気がします。赤ワインを好きな人には、少し多めに飲む大義名分ができたことになります。

「赤ワインではなく、白ワインでは、効果がないのか」という疑問も、当然、浮かんできます。この疑問に対しての答えは、「残念ながら、白ワインには、赤ワインのような効果は期待できず、この目的のためには、白ワインは適していない」です。その理由は、赤ワインと白ワインでは、もとになる材料が異なるからです。

赤ワインは、ブドウの皮もタネも全部を材料にしてつくられます。皮には赤色のアントシアニン、タネには渋みや苦みのもとになるカテキン、タンニンやレスベラトロールというポリフェノールがたっぷり含まれています。

それに対し、白ワインは果肉だけを材料にしてつくられます。そのため、含まれるポリフェノールが少ないのです。

†おつまみには？

「ビールや赤ワインにそのような効果があるのなら、そのような効果をもつおつまみはないのだろうか」という都合のいい疑問が浮かびます。その疑問に答えるような発表があり、話題になりました。

一つは、カマンベールチーズです。チーズは、大きくは、ナチュラルチーズとプロセスチーズに分けられます。カマンベールチーズは、ナチュラルチーズの一種で、「チーズの女王」とか「神の足」とか表現されるチーズです。

このチーズは赤ワインによく合うといわれ、原産国はフランスです。表面が白色のカビでおおわれていることが、大きな特色です。内部はクリーム色で、熟成が進んだものはトロリとしています。

二〇一五年三月、キリン株式会社、小岩井乳業株式会社および東京大学から「カマンベールチーズに含まれる成分が、アルツハイマー病の予防に有効である」との研究成果が報告され、話題となりました。

「なぜ、カマンベールチーズが調べられたのか」という疑問が浮かびます。これには、背景があります。近年、酪農が盛んで「酪農大国」とよばれるニュージーランドやオーストラリア、あるいは、日本国内の疫学《えきがく》調査によって、「発酵乳製品を食べる習慣がある人は、高齢になっても、認知機能が良好」といわれているのです。

そこで、発酵乳製品の代表として、チーズが調べられたのです。さまざまなチーズのエキスがミクログリアに与えられました。ミクログリアは、本章の「ビールの苦みの成分は？」で紹介したように、脳の中に存在し、アミロイドβを除去する作用をもっている細胞です。チーズのエキスが与えられたあと、アミロイドβの蓄積量が調べられ、カマンベールチーズに効果があることが発見されました。

これを受けて、カマンベールチーズから調製した飼料を、アルツハイマー病を自然発症する実験用のマウスに三カ月間与えられました。すると、脳の中のアミロイドβの蓄積する量が抑制されました。このことから、カマンベールチーズに認知機能の低下を予防する物質が含まれている可能性が示されました。

カマンベールチーズがカビによって、発酵の前より、よく発酵したあと、すなわち、白カビがいっぱい繁殖したもののほうが、その効果がよく見られたことから、「有効な成分は、カビによる発酵の過程で生じている」と考えられました。

その成分を明らかにするために、カマンベールチーズから抽出したエキスとミクログリアが使われました。カマンベールチーズから抽出したエキスの中に含まれる物質をミクログリアに与えて、どの物質が、ミクログリアを活発に働かせ、アミロイドβの量を減らせるかが調べられたのです。

その結果、その成分が見つけられました。名前は、「オレイン酸アミド」と「デヒドロエルゴステロール」でした。カマンベールチーズが白カビにより、発酵していく過程でつくられると考えられています。

もう一つのおつまみは、ラッカセイです。前項の「赤ワインも負けていない！」で紹介したように、これは、ポリフェノールの一種であるレスベラトロールをもっているからです。ただ、この物質は、ラッカセイの茶色の薄皮に含まれる成分ですから、その効果を期待するのなら、薄皮を食べなければなりません。

これらの話から、アルツハイマー病を予防する効果を期待してお酒を飲むなら、ビールや赤ワインを飲むということになります。そのときのおつまみには、カマンベールチーズと南京豆ということになります。

では、アルコール類を飲まない人には、予防する方法はないのでしょうか。そのような方には、緑茶があります。次の項で紹介します。

緑茶の〝予防力〟

チャはツバキ科の植物で、中国が原産地です。日本には、平安時代に、遣唐使《けんとうし》によりもたらされました。チャの学名は、「カメリア　シネンシス」であり、「カメリア」はツバキ属であることを示し、「シネンシス」は、中国生まれであることを意味しています。

チャの葉っぱが、緑茶の原料となります。緑茶には、カテキンやミリセチンなどのポリフェノールの仲間である抗酸化物質がたっぷりと含まれていることはよく知られています。特に、カテキンはよく知られており、緑茶の渋みの本体で、強い殺菌作用があります。

昔は、朝に飲むお茶である「朝茶」を飲まずに旅に出てしまったら、気づいたときにすでに三里来ていても七里来ていても、「三里戻っても飲め」や「七里行っていても、帰って飲め」とかいわれました。お茶には殺菌作用があるので、知らない土地で、水や食べものにあたるのを防ぐ効果が経験的に知られていたからでしょう。

緑茶には、ビタミンCやビタミンEが含まれています。カロテンも入っているので、昔から、「お茶はからだに良い」といわれてきた通りです。近年では、お茶の成分の健康への効果が医学的に明らかにされています。

二〇〇八年には、京都大学の研究グループから、「緑茶には、がんの増殖を抑制する効果がある」ことが発表されています。同じ年、岐阜大学の研究グループから、「大腸ポリープの再発を予防する効果がある」という発表がされています。

これらは認知症と関係するものではありませんが、二〇一二年、東北大学の研究グループが、お茶をよく飲む人と飲まない人とで比較し、お茶には認知症を予防する効果があることを発表しています。

六五歳以上の高齢者、一万三九八八人を対象に、「お茶を飲まない人」と「お茶をときどき飲む人」を「一日に一杯未満の人」とし、一日に一〜二杯飲む人、三〜四杯飲む人、五杯以上飲む人に分けました。三年後の結果は、認知障害や脳卒中、骨粗しょう症などの機能障害を起こす人数が、一日に五杯以上飲む人は、一日に一杯未満の人に比べ、三分の一でした。

二〇一四年には、金沢大学の研究グループから、「緑茶に認知症を予防する効果がある」と発表されました。これは、六〇歳以上の男女七二三人を対象に、一三年をかけて行われた結果でした。

緑茶を飲む習慣のない人では、一三八人のうち、四三人が認知症の症状を示しました。割合では、三一パーセントでした。それに対し、週に一〜六日飲む人では、一五パーセント、毎日飲む人では、一五七人のうち一八人であり、一一パーセントしか、認知症の症状には至りませんでした。

「では、どれくらいのお茶を飲めばいいのか」との疑問が浮かびます。これについては、二〇一五年五月、国立がん研究センターが、調査に基づいて、認知症を対象にしたものではありませんが、目安となる答えを出してくれています。

四〇歳から六九歳の男女約九万人を対象に、一九年間かけて集めたデータが発表されました。これは、「緑茶を飲んでいたら、トータル死亡リスクが四割減る」という見出しで、メディアに発表され、話題を呼びました。このときのデータは、「どのぐらい飲んだらいいのか」という疑問に答えてくれています。

お茶を飲まない人、一日一～二杯飲む人、三～四杯飲む人、五杯以上飲む人と、多く飲むにつれて、死亡のリスクがだんだんと下がってきます。そのため、「お茶は一日五杯以上飲んでいると、健康に良い」ということになります。

ただ発表されたデータでは、最大は五杯以上と書かれていて、「一日に何杯までならいい」とは書かれていませんでした。五杯以上、何杯飲むかは、自己責任ということでしょう。

緑茶については、古くから、私たち日本人の健康長寿に貢献してくれています。その具体的な効能が今後、ますます明らかにされてくるはずです。

おわりに——キノコの話題

食材としてのキノコ

私たちの大切な食材の一つにキノコがあります。キノコは、植物ではありませんが、植物とともに、食材としての話題に事欠きません。また、私の研究対象の一つであるため、「おわりに」で、キノコの話に触れさせていただきます。

一年中、毎日、青果店やスーパーマーケットなどでは、シイタケ、エノキタケ、ブナシメジ、ナメコ、ヒラタケ、マイタケ、エリンギなど、多くの種類のキノコがたくさん売られています。私たちは、どれほどの量のキノコを食べているのでしょうか。

二〇一六年度の総務省の家計調査によると、二人以上の世帯で、一年間のキノコの消費量は約一三キログラムでした。市販されているふつうサイズのパックは、約一〇〇グラムのキノコですから、約一三〇パックということになります。キノコは、結構、多く食べられているのです。

キノコが多く食べられる一つの理由は、キノコの価格が比較的に低価格でほぼ安定していることにあります。野菜や果物などの食材の価格は、猛暑や豪雨、台風などの影響を受けるのに対し、キノコの価格は自然の気象条件に左右されずに、低価格で安定しています。そのため、キノコは、モヤシと豆苗《とうみょう》とともに、「三大低価格安定食材」といわれます。

キノコが多く食べられる理由の二つ目は、栄養的な特徴によります。キノコは、低いカロリーで、ビタミン、ミネラルを含んでおり、食物繊維《しょくもつせんい》が豊富です。ビタミンとミネラルは、私たち人間に必要な三大栄養素である、炭水化物、タンパク質、脂肪に加えて、五大栄養素に入れられます。

食物繊維は第六の栄養素であり、これを摂取すれば、健康を守るために効果があることはよく知られています。これは、腸の中で水分を吸収して、数倍〜数十倍に膨らみます。そのため、少量で満腹感をもたらします。また、おなかの調子を整え、腸内の有害な物質を吸着して排出します。

キノコには、特別な価値をもつ物質も含まれています。たとえば、グアニル酸という物質です。これは、コンブのグルタミン酸と、カツオのイノシン酸とともに、「三大旨《うま》み成分」の一つです。それぞれの旨み成分は、他の二つの旨み成分との相乗効果により、旨みを互いに高めることが知られています。

シイタケが鍋料理に使われるのには、シイタケそのものの味や食感が好まれるからですが、鍋料理のスープに旨みが浸《し》み出てくることも期待されているのです。グアニル酸は、多くのキノコの中でも、シイタケに特に多く含まれているからです。近年、グアニル酸は、血液をサラサラにする働きもあるため、高血圧の予防に効果があるといわれます。

また、シイタケには、エルゴステリンという物質が多量に含まれています。シイタケを太陽の光で乾燥させる「天日干し」で乾燥シイタケにすると、この物質は紫外線の作用でビタミンDに変わります。天日干しでない場合にも、ビタミンDは少量ですが含まれています。

食べる一時間ほど前に、シイタケを日光（紫外線）に当てるだけで、ビタミンDの含有量は高まります。この物質は、ビタミンDに変化すると、カルシウムの吸収を促し、骨や歯の形成に役立ちます。

キノコの種類にもよりますが、アガリクスやタモギタケやシイタケなどには、βーグルカンという物質が多く含まれています。この物質には、免疫力を高める効果があるといわれます。

これらの理由で、キノコは人気の食材となっています。特に、秋には、キノコの王様であるマツタケが出てきます。

†キノコの話題

私たち日本人には、マツタケの香りに思い入れがあります。古くから、「香りマツタケ、味シメジ」といわれていることからも、裏づけられます。北欧のスウェーデンやフィンランドにも、古くから、マツタケによく似たキノコがありました。

近年、遺伝子が調べられて、このキノコが日本のマツタケと同じものであることがわかりました。これでも驚きですが、もっと驚かされたことがありました。マツタケの学名は、日本では、「トリコローマ　マツタケ」なのですが、北欧では、「トリコローマ　ノーシオウサム」でした。「トリコローマ」は、キシメジ属のキノコであることを示します。「ノーシオウサム」は、「吐き気をもよおす」という意味であり、「長い間、履き替えなかった靴下の匂いのするキノコ」というような名前がついていたのです。マツタケの香りというのは、人によって、これほど感じ方が異なるのです。

でも、マツタケの香りだけでなく、香りというのは、そのようなものかしれません。タバコの煙の香りを「至福の香り」と表現する人がいますが、「とんでもない、臭い香り」と嫌う人もいます。

マツタケのように、一つの生物が別々のものとして、学名がつけられていることがあります。ところが、それらが同一の生物であるとわかったときには、学名は、先につけられていたものが優先されることになっています。

マツタケでは、北欧のものが、日本の学名より先につけられていたので、規則通りでは、「吐き気をもよおすキノコ」が学名として残ることになります。でも、日本におけるマツタケの存在の大きさが世界的に認められ理解されて、学名は、「トリコローマ　マツタケ」とされています。

日本では、マツタケは特別なキノコであり、マツタケがあまりに大きな存在であるので、他のキノコもマツタケにちなんだ名前をもつキノコがいくつかあります。マツタケモドキ、ニセマツタケ、ヒメマツタケ、ヤナギマツタケ、バカマツタケなどです。

マツタケモドキは、マツタケに姿や形が似ています。「モドキ」というのは、「よく似ているもの」の意味であり、マツタケモドキは、マツタケによく似ているキノコということです。ニセマツタケは、形は少し似ていますが、マツ林ではなく、シイの林に生え、香りもありません。

ヒメマツタケは、別名をアガリクスといわれ、十数年前は、抗ガン作用があるといわれて、サプリメントとして、よく売られていました。ヤナギマツタケは昆布とともに炊かれているキノコです。「シイタケ昆布」のように、キノコ名が示されている場合は、そのキノコですが、キノコ名が示されていない場合は、ヤナギマツタケである場合が多いのです。

アホマツタケという名前のキノコはありませんが、バカマツタケはあります。二〇一八年春に、奈良県森林技術センターが、バカマツタケの自然条件下での人工栽培化に成功したと発表しました。このキノコの香りは乏しいですが、味は、マツタケをしのぐともいわれています。

その年の秋に、ある民間の企業が、「バカマツタケの完全な人工栽培に成功した」と発表しています。完全な人工栽培とは、市販されている多くのキノコと同じように、温度や湿度、栄養などが制御された条件で、完全に人工的に栽培されて、生産されるものです。

近年は、マツタケの収穫量が極端に少なくなり、価格が高くなっています。そのため、特に国産のマツタケを実際に口にできる機会は少なくなり、〝秋の味覚〟として、店頭に置かれているのを見るだけのことが多くなっています。

そのため、国産のマツタケは、「ミルダケマツタケ」という別の名前が生まれてくるかもわかりません。

†世界一大きい生き物は?

キノコは、胞子から生まれます。正確には、胞子から菌糸《きんし》とよばれる細い糸のようなものが伸びだし、土の中にある落ち葉や枯れ木などの養分を吸収して、菌糸は増殖していきます。自然の中では、その増殖はすごいのです。

一九九二年、世界的な科学誌「ネイチャー」に、世界一大きい生き物が発表され、話題になりました。一般的に、「世界一大きい生き物は、何か」というと、動物ではシロナガスクジラといわれます。全長三四メートル、体重一〇〇トンなどといわれます。

植物なら、世界で一番背が高い木は、アメリカのレッドウッド国立公園にあるセコイアで、背丈は一一五・五メートルといわれます。体積が最も大きいといわれるのは、アメリカ西海岸に生えているといわれるジャイアントセコイアです。背丈は約八〇メートルですが、幹のまわりが三〇メートルを超えるといわれ、重さは、一三〇〇トン以上といわれます。

太さが世界一とされているのは、メキシコのトゥーレという町にあるメキシコヌマスギで、幹のまわりが約五八メートルもあります。太さの日本一は、鹿児島県始良《あいら》市にある「蒲生《かもう》の大楠《おおくす》」で、幹のまわりは、約二四・二メートルといわれます。この樹木は、高さ約三〇メートル、樹齢約二〇〇〇年で、幹の中が空洞ですが、日本一の巨樹となっています。

このような生き物が世界一大きな生き物だと思われがちですが、「ネイチャー」で発表されたのは、アメリカミシガン州の「ヤワナラタケ」というキノコでした。山の中一帯に菌糸が広がっているのです。

菌糸は、カビのような姿で広がり、繁殖したあとに、キノコが生まれてきます。世界一に広がっていた菌糸の重さは約一〇〇トン、年齢にすると約一五〇〇年かけて伸長してきたということです。調べられると、東京ドーム三・二個分、約一五ヘクタールの面積に広がっていました。

ヤワナラタケは日本にはありませんが、仲間であるナラタケは存在します。この菌糸も山中に広がっており、ネットなどでは「注文すれば、キノコ狩りの名人が山に出かけて採ってきます」と書かれて、売られています。発生したキノコは注目されますが、それを生み出してくる菌糸の広がりは、すごいのです。

†キノコの発生

ときどき、一株数十キログラムというような大きなキノコが出てきて話題になります。これらは、菌糸が長い年月の間に、地中にはびこった結果です。菌糸が十分に繁殖すると、キノコが発生します。

秋田県のきりたんぽ鍋には、欠かせぬ素材であるマイタケというキノコがあります。「見つけたら、喜びで舞い上がるキノコ」というのが、マイタケ（舞茸）という名前の由来です。

マイタケは、一九七〇年代に、人工栽培されることで、市販されるようになってきました。近年、免疫《めんえき》力を高めるグルカンや骨の形成を促すビタミンDが含まれることで人気が高まり、その生産量は飛躍的に増えています。江戸時代には、このキノコは、「同じ重さの銀と交換された」といわれるほど、価値が高いものでした。

菌糸が育ったところに、キノコは生えるので、自然の中のどこに、このキノコが生えるかを知っていると、毎年その辺りで採取できます。その場所を秘密にしておくと、毎年、場所を知っている人が収穫できます。そこで、たとえ、親であっても、子どもであっても、兄弟であっても、夫婦であっても、キノコの採れる場所は、死ぬときまで内緒にされたといわれます。

といっても、菌糸が繁殖すれば自然に発生するわけではなく、菌糸からキノコが発生するためには、刺激が必要です。自然の中に、秋に多くのキノコが発生するのは、秋に気温が低くなるという刺激を感じているのです。

シイタケは、古くから、「雷が落ちたところに発生する」といわれます。原木《げんぼく》栽培の場合、原木の中に菌糸が十分に繁殖しているのに、キノコが発生しないということがあります。このような場合、原木を投げつけて振動を与えたり、冷たい水につけて「冷たい」という刺激を与えたりします。

また、真っ暗な中で育ってきた菌糸には、光が当たることも刺激になります。そのときの光の色は、青色が有効であることがわかっています。青色の光は、私たちが普通に光とよんでいる、太陽の光や、蛍光灯や白熱球の光などに含まれていますから、普通の光でも刺激になります。また、窒素《ちっそ》の不足や太鼓の音を聞かせることも刺激となります。

キノコを人工栽培する場合には、発生させる刺激がわからなければなりません。たとえば、ヤコウタケという光るキノコがあります。菌糸は他のキノコと同じように増殖するのですが、増殖した菌糸からキノコを出すことができません。

いろいろな試みをすると、出てくることはあるのですが、いつどのような刺激を与えると確実にキノコが発生するのかが不明のままです。そのため、このキノコは、人工栽培がむずかしいのです。

マツタケも、菌糸からキノコを発生させる刺激がわからないため、人工栽培はまだ実現されていません。でも、多くのキノコでは、刺激が知られていますから、人工栽培がされています。

†キノコの人工栽培

多くの種類のキノコが、季節を問わずに、青果店やスーパーマーケットなどで、山積みにされて販売されています。それらのキノコが、山で自然に生えているはずがありません。ほとんどのキノコが、人工的に栽培されているのです。キノコの人工栽培には、主に、二つの方法があります。一つは、伐採した木をそのまま利用する「原木栽培」です。二つ目は、木を切るときにでるオガクズを使った「菌床《きんしょう》栽培」とよばれる方法です。

原木栽培は、原木、あるいは、榾木（ホタキ、あるいは、ホダギ）とよばれる丸太に菌糸を植えつけて、菌糸を成長させる方法です。原木には、シイ、クリ、ブナ、ナラ、クヌギなどの樹木が使われます。

たとえば、シイタケの原木栽培では、春に、原木に小さな穴をいくつも開け、その中にシイタケの菌糸を植えつけます。菌糸を埋めた穴は、雑菌や虫が入らないように蠟《ろう》や詰め栓などでふさいでしまいます。菌糸を植えつけた原木は、山や森林などの自然の中に置かれます。

日数が経過するにつれて、シイタケの菌糸が原木の中ではびこります。この栽培方法では、菌糸が木材を分解し、木材の栄養を食べて繁殖するのです。ですから、原木の材質は日数の経過とともに分解されて、白くやわらかくなります。菌糸が十分に繁殖したあとに、キノコが発生する刺激が与えられると、原木の中にはびこった菌糸から、キノコが生えてきます。

原木栽培では、栽培の開始から、キノコが生えるまでに半年以上の長い日数がかかります。また、原木を山や森林に置いて菌糸を増殖させるため、栽培の開始から収穫までの日数は、自然の気象条件の影響を受けます。それゆえ、キノコを出荷する日などの予定が立てにくい欠点があるのです。

それに加えて、栽培者は重い原木を持ち上げたり移動させたりしなければなりません。原木栽培の規模はそんなに大きくないので、その作業のための機械化は進んでおらず、体力が必要なのです。一方では、原木栽培に携わる人々の高齢化が進んでいます。そのため、原木栽培は敬遠され、原木栽培によるキノコの生産量は、減少の傾向にあります。

そのような事情を背景に、現在、原木栽培で生産されているキノコは、シイタケ、ナメコなどで、ごく限られています。キノコの人工栽培は、原木を利用する栽培方法から、二つ目の栽培方法へと移行しています。

†おがくずは使い捨て！

キノコの二つ目の栽培方法は、木を切るときにでるオガクズを使ったもので、「菌床栽培」といわれます。この栽培では、おがくずに米ぬかと水をまぜて、菌糸を培養するための容器に入れ、そこに菌糸を植えて繁殖させます。現在、多くの市販されているキノコには、この方法が使われています。

菌床栽培では、容器に多くのおがくずを入れるのですが、これは一回使ったら使い捨てです。近年、健康志向の高まりに伴ってキノコの消費量は増えており、おがくずの入手や栽培後の廃棄処理の問題が無視できなくなっています。

そこで、私は、おがくずの代わりに何か再利用できるものを探そうと考えました。最初は、段ボールをシュレッダーで細かく切って、そこに米ぬかをまぜて培養瓶に入れて育ててみました。段ボールを使った場合にも、ヒラタケ、ブナシメジ、エノキタケ、タモギタケ、ナメコなど、栽培で試したキノコは、どれもおがくずを使って育てた場合と同じように育ちました。

この栽培方法がテレビや新聞などのメディアで報道されると、段ボール業界の方から、「そのような段ボールの使い方が広まると、段ボールを回収する価格が高くなるので困る」という声が聞こえてきました。私は知らなかったのですが、その当時、段ボールは回収してリサイクルするというシステムがすでに確立されており、段ボールの回収率はかなり高かったのです。

そこで、段ボールの代わりに、ガラスビーズを使うことにしました。ガラスビーズは水を吸収しませんから、栽培の容器には、ガラスビーズとともに少量の水を吸収する素材をまぜました。すると、キノコの栽培は、何の問題もなくうまくいきました。

しかし、「ガラスビーズは重い」、「使い捨てにすることなく何度でも使えるが、使用後のガラスビーズを洗浄する装置がない」ということに加えて、「ガラスは割れるかもしれない」と安全を懸念する声があって、この方法は、実用化には至りませんでした。

その後、セラミックボールや、数珠玉《じゅずだま》などでもキノコが栽培できることは確認できました。ところが、これらを再利用する前に洗浄するための装置を新たに開発しなければならないという問題は解決しませんでした。

†ファブリック・キノコ栽培とは？

植物工場では、野菜は土を使わない「水耕栽培」で育てられています。そこで、キノコでも、水耕栽培のような方法でできないかと考えました。菌糸は、水の表面に繁殖しますが、水の中では呼吸ができないので、水中には育っていきません。かといって、水面だけでは、大きいキノコを形成するほどの多くの菌糸を繁殖させることはできません。

菌糸の繁殖には、からまるための何かが必要なのです。そこで、栄養を含んだ液を吸収しやすいおしぼりやタオルなどの繊維素材を、菌糸がからまるものとして使うと、水耕栽培に近い栽培法になります。

栄養となる米ぬかから抽出した液を、おしぼりやタオルなどの繊維素材に染み込ませて、菌糸を栽培したところ、立派なキノコができました。おしぼりやタオルの洗浄は、既存の洗濯機でできます。また、洗浄したあとのおしぼりやタオルは再利用できるので、廃棄物にはなりません。これで、現在の菌床栽培が抱える問題は解消されました。

この栽培方法は、思わぬ方向に発展しました。この栽培がメディアを介して世間に知られると、いくつかの民間の企業から問い合わせが来るようになりました。そして、おしぼりやタオルなどの繊維素材を意味する「ファブリック」という語を使い「ファブリック・キノコ栽培法」と名づけられ、私の勤める甲南学園が特許を取得しました。

そんなとき、「日本で一番小さい町」として知られる、大阪府の忠岡《ただおか》町から「この栽培方法を使ったキノコを特産品として売り出したい」との申し出がありました。忠岡町は「泉州タオル」で名高い地域にあり、ファブリック・キノコ栽培にふさわしい「繊維の町」ということが、背景にはありました。

幸いにも、この企画は、国の地方創生推進事業の採択を受けて、二〇一六年から甲南大学と忠岡町との連携プロジェクトとしてスタートしました。このプロジェクトがきっかけとなって、ファブリック・キノコが市場に出まわる日が来るのを楽しみにしています。

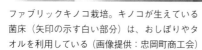

†キノコは、花を咲かせることができるか？

ファブリックキノコ栽培。キノコが生えている菌床（矢印の示す白い部分）は、おしぼりやタオルを利用している（画像提供：忠岡町商工会）

「おわりに」の冒頭で、「キノコに触れさせていただきます」として、キノコの話をはじめました。植物ではないキノコに、「触れる」という程度を超えて、長々と書き過ぎではないかと思われるかもしれません。

たしかに、キノコは植物ではありません。その大きな理由の一つは、キノコが光合成をしないことです。「植物は、光合成をして、自分で栄養をつくる」といわれます。しかし、植物の中にも、光合成をしないものがいます。

たとえば、光合成をせずに、根から菌の栄養を取り込む植物です。このような植物は、土壌中にある、生物の遺体や排泄物《はいせつぶつ》、また、それらの分解物などを栄養として成長すると考えられ、従来、「腐生《ふせい》植物」とよばれていました。

その例として、ギンリョウソウとツチアケビがよく知られています。これらの植物は、光合成をしないので、地上に出て成長する必要がありません。そのため、地上に姿を現すのは、花を咲かせ、果実を結実させるためのわずかの期間です。

これらの植物は、自分自身で、生物の遺体や排泄物、また、それらの分解物などを摂取する能力はなく、これらから栄養を摂取することができる菌類が根に共存しています。そのため、近年は、菌に依存して生きている植物という意味で、「菌従属栄養植物」といわれるようになりました。

では、「なぜ、これらは光合成をしないのに、植物というのか」との疑問が浮かびます。菌従属栄養植物は、光合成はしないのですが、花を咲かせて、タネをつくる能力をもっています。そのため、植物ということになるのです。

「キノコが、植物ではない」という大きな理由の一つは、キノコが光合成をしないことです。ところが、植物の中にも、光合成をしないものがいるのです。でも、それらは、花を咲かせます。ですから、「キノコが、植物ではない」という大きな理由は、「キノコが光合成をしない」ことではなく、「キノコは、花を咲かせない」ことです。

たしかに、キノコは花を咲かせません。しかし、人工的に栽培されはじめているキノコのことや、キノコが世界一大きな生き物であること、キノコの新しい栽培方法など、キノコの話題は事欠かず、興味は尽きません。

キノコは花を咲かせませんが、キノコは、話に花を咲かせることができるのです。そのように考えると、キノコは限りなく食材植物に近い生き物です。

植物をテーマにした本書の「おわりに」で、キノコの話題を長々と紹介してきたことを、そのようにご理解くだされば、幸いです。

参考文献

A.C.Leopold & P.E.Kriedemann, *Plant Growth and Development 2nd ed.*, McGraw-Hill Book Company, 1975.
A.W.Galston, *Life Processes of Plants*, Scientific American Library, 1994.
P.F.Wareing & I.D.J.Phillips（古谷雅樹監訳）『植物の成長と分化』〈上・下〉学会出版センター　一九八三
香川明夫監修『七訂　食品成分表２０１９』女子栄養大学出版部　二〇一九
田中修『緑のつぶやき』青山社　一九九八
田中修『つぼみたちの生涯』中公新書　二〇〇〇
田中修『ふしぎの植物学』中公新書　二〇〇三
田中修『クイズ植物入門』講談社ブルーバックス　二〇〇五
田中修『入門たのしい植物学』講談社ブルーバックス　二〇〇七
田中修『雑草のはなし』中公新書　二〇〇七
田中修『葉っぱのふしぎ』サイエンス・アイ新書　二〇〇八
田中修『都会の花と木』中公新書　二〇〇九
田中修『花のふしぎ１００』サイエンス・アイ新書　二〇〇九
田中修『植物はすごい』中公新書　二〇一二
田中修『タネのふしぎ』サイエンス・アイ新書　二〇一二

田中修『フルーツひとつばなし』講談社現代新書　二〇一三
田中修『植物のあっぱれな生き方』幻冬舎新書　二〇一三
田中修『植物は命がけ』中公文庫　二〇一四
田中修『植物は人類最強の相棒である』PHP新書　二〇一四
田中修『植物の不思議なパワー』NHK出版　二〇一五
田中修『植物はすごい　七不思議篇』中公新書　二〇一五
田中修『植物学「超」入門』サイエンス・アイ新書　二〇一六
田中修『ありがたい植物』幻冬舎新書　二〇一六
田中修『植物のひみつ』中公新書　二〇一八
田中修『植物のかしこい生き方』ソフトバンク新書　二〇一八
田中修『植物の生きる「しくみ」にまつわる66題』サイエンス・アイ新書　二〇一九
田中修監修、ABCラジオ「おはようパーソナリティ道上洋三です」編『おどろき?と発見!の　花と緑のふしぎ』神戸新聞総合出版センター　二〇〇八
田中修、高橋亘『知って納得!　植物栽培のふしぎ』日刊工業新聞社　二〇一七
増田芳雄『植物生理学』培風館　一九八八

ちくま新書
1425

植物《しょくぶつ》はおいしい
――身近《みぢか》な植物《しょくぶつ》の知《し》られざる秘密《ひみつ》

二〇一九年八月一〇日　第一刷発行

著　者　田中　修（たなか・おさむ）

発行者　喜入冬子

発行所　株式会社 筑摩書房
東京都台東区蔵前二－五－三　郵便番号一一一－八七五五
電話番号〇三－五六八七－二六〇一（代表）

装幀者　間村俊一

印刷・製本　株式会社 精興社

ISBN978-4-480-07245-0 C0245

ちくま新書

1387
ゲノム編集の光と闇
——人類の未来に何をもたらすか
青野由利
世界を驚愕させた「ゲノム編集ベビー誕生」の発表。生命の設計図を自在に改変する最先端の技術を基礎から解きほぐし、利益と問題点のせめぎ合いを真摯に追う。

1389
中学生にもわかる化学史
左巻健男
世界は何からできているのだろう。この大いなる疑問に挑み続けた道程を歴史エピソードで振り返る。古代哲学者から錬金術、最先端技術のすごさまで！

1181
日本建築入門
——近代と伝統
五十嵐太郎
「日本的デザイン」とは何か。五輪競技場・国会議事堂・皇居など国家プロジェクトにおいて繰り返されてきた問いを通し、ナショナリズムとモダニズムの相克を読む。

1186
やりなおし高校化学
齋藤勝裕
興味はあるけど、化学は苦手。そんな人は注目！　原子の構造、周期表、溶解度、酸化・還元など必須項目をやさしく総復習し、背景まで理解できる「再」入門書。

1203
宇宙からみた生命史
小林憲正
生命誕生の謎を解き明かす鍵は「宇宙」にある。惑星探索や宇宙観測によって判明した新事実と、従来の化学進化的プロセスをあわせ論じて描く最先端の生命史。

1214
ひらかれる建築
——「民主化」の作法
松村秀一
建築が転換している！　居住のための「箱」から生きるための「場」へ。「箱」は今、人と人をつなぐコミュニティとなる。あるべき建築の姿を描き出す。

1217
図説 科学史入門
橋本毅彦
天体、地質から生物、粒子へ。新たな発見、分類、一般に認知されるまで様々な人間模様を経て、科学は発展したのである。それらを美しい図像に基づいて一望する。

1222
イノベーションはなぜ途絶えたか
——科学立国日本の危機
山口栄一
かつては革新的な商品を生み続けていた日本の科学産業はなぜダメになったのか。シャープの危機や日本政府のベンチャー育成制度の失敗を検証。復活への方策を探る。

1231
科学報道の真相
——ジャーナリズムとマスメディア共同体
瀬川至朗
なぜ科学ジャーナリズムで失敗が起こり、読者の不信感を引き起こすのか？　原発事故・STAP細胞・地球温暖化など歴史的事例から、問題発生の構造を徹底検証。

1003
京大人気講義　生き抜くための地震学
鎌田浩毅
大災害は待ってくれない。地震と火山噴火のメカニズムを学び、災害予測と減災のスキルを吸収すべき時は、まさに今だ。知的興奮に満ちた地球科学の教室が始まる！

1018
ヒトの心はどう進化したのか
——狩猟採集生活が生んだもの
鈴木光太郎
ヒトはいかにしてヒトになったのか？　道具・言語の使用、文化・社会の形成のきっかけは狩猟採集時代にあった。人間の本質を知るための進化をめぐる冒険の書。

1112
駅をデザインする〈カラー新書〉
赤瀬達三
「出口は黄色、入口は緑」。シンプルかつ斬新なスタイルで日本の駅の案内を世界レベルに引き上げた第一人者が、豊富なカラー図版とともにデザイン思想の真髄を伝える。

1133
理系社員のトリセツ
中田亨
文系と理系の間にある深い溝。これを解消しなければ、両者が一緒に働く職場はうまくまわらない。理系の意外な特徴や人材活用法を解説した文系も納得できる一冊。

1156
中学生からの数学「超」入門
——起源をたどれば思考がわかる
永野裕之
算数だけで十分じゃない？　数学嫌いから聞こえてくるそんな疑問に答えるために、中学レベルから「数学的な思考」に刺激を与える読み物と問題を合わせた一冊。

942
人間とはどういう生物か
――心・脳・意識のふしぎを解く
石川幹人
人間とは何だろうか。古くから問われてきたこの問いに、認知科学、情報科学、生命論、進化論、量子力学などを横断しながらアプローチを試みる知的冒険の書。

950
ざっくりわかる宇宙論
竹内薫
宇宙はどうはじまったのか？　宇宙は将来どうなるのか？　宇宙に果てはあるのか？　過去、今、未来を縦横無尽に行き来し、現代宇宙論をわかりやすく説き尽くす。

954
生物から生命へ
――共進化で読みとく
有田隆也
「生物」＝「生命」なのではない。共進化という考え方、人工生命というアプローチを駆使して、環境とのかかわりから文化の意味までを解き明かす、一味違う生命論。

958
ヒトは一二〇歳まで生きられる
――寿命の分子生物学
杉本正信
ストレスや放射能、病原体に打ち勝ち長生きする力は誰にでも備わっている。長寿遺伝子や寿命を支える免疫・修復・再生のメカニズムを解明。長生きの秘訣を探る。

966
数学入門
小島寛之
ピタゴラスの定理や連立方程式といった基礎の基礎を出発点に、美しく深遠な現代数学の入り口まで到達する道筋がある！　本物を知りたい人のための最強入門書。

970
遺伝子の不都合な真実
――すべての能力は遺伝である
安藤寿康
勉強ができるのは生まれつきなのか？　IQ・人格・お金を稼ぐ力まで、「能力」の正体を徹底分析。行動遺伝学の最前線から、遺伝の隠された真実を明かす。

986
科学の限界
池内了
原発事故、地震予知の失敗は科学の限界を露呈した。科学に何が可能で、何をすべきなのか。科学者の倫理を問い直し「人間を大切にする科学」への回帰を提唱する。

ちくま新書

068
自然保護を問いなおす
——環境倫理とネットワーク
鬼頭秀一
「自然との共生」とは何か。欧米の環境思想の系譜をたどりつつ、世界遺産に指定された白神山地のブナ原生林を例に自然保護を鋭く問いなおす新しい環境問題入門。

312
天下無双の建築学入門
藤森照信
柱とは？　天井とは？　屋根とは？　日頃我々が目にする日本建築の歴史は長い。建築史家の観点をも交え、初学者に向け、建物の基本構造から説く気鋭の建築入門。

339
「わかる」とはどういうことか
——認識の脳科学
山鳥重
人はどんなときに「あ、わかった」「わけがわからない」などと感じるのか。そのとき脳では何が起こっているのだろう。認識と思考の仕組みを説き明す刺激的な試み。

1419
夫婦幻想
——子あり、子なし、子の成長後
奥田祥子
愛情と信頼に満ちあふれた夫婦関係は、いまや幻想なのか。不安やリスクを抱えつつも希望を見出そうとして苦闘する夫婦の実態を、綿密な取材に基づいて描き出す。

1420
路地裏で考える
——世界の饒舌さに抵抗する拠点
平川克美
様々なところで限界を迎えている日本。これまでのシステムに背を向け、半径三百メートルで生きていくことを決めた市井の思想家がこれからの生き方を提示する。

1421
昭和史講義【戦前文化人篇】
筒井清忠編
柳田、大拙、和辻ら近代日本の代表的知性から谷崎、乱歩、保田與重郎ら文人まで、文化人たちは昭和戦前期をいかに生きたか。最新の知見でその人物像を描き出す。

1422
教育格差
——階層・地域・学歴
松岡亮二
親の学歴や居住地域など「生まれ」によって、子どもの学歴・未来は大きく変わる。本書は、就学前から高校まで教育格差を緻密に検証し、採るべき対策を提案する。